인테리어
스타일링
바이블

조희선 지음

몽스북 mons

인테리어 스타일링 바이블

공간 디자이너 조희선의
실전 노트

Interior Styling Bible

Contents

**20년 내공을
차곡차곡 정리한
인테리어 스타일링
기본서**

"최소한의 예산으로 집 안 분위기를 바꾸려면 무엇부터 손대는
것이 나을까요?"
"소파를 바꾸고 싶은데 이 공간에 어울리는 스타일은
무엇일까요?"
"스타일리시한 공간으로 거듭날 수 있도록 요즘 유행하는
인테리어 소품 좀 추천해 주세요."
강단에서, 방송국에서 그리고 SNS 채널을 통해 받은 질문은
모두 달랐지만 그 결은 늘 비슷했다. 생각보다 많은 사람들이
인테리어에 관심이 있다는 것, 그리고 현재 생활하는 공간에 늘
변화를 주고 싶어 한다는 것이다. 하지만 흔히 리모델링이라고
말하는 '개조'는 비용과 시간을 많이 투자해야 하기에 마음만
있을 뿐 실현하기에는 어려움이 많다. 또한 전문가의 영역이기
때문에 내 머릿속의 이상과 현실과의 타협이 불가피하다. 집 안
분위기 바꾸겠다고 가벼운 마음으로 시작했다가 몸도 마음도
상처투성이가 되는 경우도 종종 봐왔다.

25년째 같은 집에 살고 있는 나는 시간이 날 때면 스툴이나
티 테이블의 위치를 바꾸고 쿠션 커버를 갈아 끼우고
테이블이나 책장의 소품을 재배치한다. 어쩌다 한 번씩
집 안에 새로운 식물을 들이고, 그림 구독을 통해 매달
작품을 바꿔주는 것만으로도 큰 만족감을 느낀다. 혼자만
알기 아까운 '스타일링'이 완성된 날에는 사진을 찍어
인스타그램에 올리는데 반응이 좋다. 대체적으로 아이템
구매 루트를 묻거나 스타일링 방식에 감탄하는데, 알고 보면
매번 같은 아이템인데 위치나 배치를 바꿨을 뿐이다. 갖고
있는 소품, 식물, 가구를 재배치하는 것만으로도 훌륭한 홈
스타일링을 충분히 할 수 있다는 것을 의외로 잘 모른다.
'SNS의 눈부신 발전으로 인테리어 관련 소스를 얻기에
훨씬 더 나은 환경에 살고 있으면서도 왜 사람들은 여전히
홈 스타일링을 어려워할까?' 이번 책을 쓰게 된 배경은 이
질문에서 시작했다. 그리고 탄탄한 기본기를 다질 수 있는
인테리어 서적이 아직 국내에 없다는 사실을 깨달았다.

누구나 가볍게 인테리어에 도전할 수 있는 홈 스타일링
기본서가 있으면 어떨까?
색 조합, 오브제의 배치, 적절한 소가구 선택 등 20년간
수많은 현장 경험을 통해 얻은 스타일링 방식을 공식화할
수는 없을까? 더불어 요즘 인테리어 트렌드에 맞춘
스타일링 가이드라인을 만들면 어떨까? 이러한 무수한 고민
끝에 탄생한 책이 바로 이 『인테리어 스타일링 바이블』이다.
최대한 많은 공간과 상황에 적용할 수 있도록 머릿속에 있는
수많은 팁을 하나하나 꺼내 공식처럼 정리하는 데 예상보다
많은 시간이 소요되었는데 막상 완성된 글을 보니 인테리어
스타일링이란 것이 정말 별것 없구나 싶었다.
소품을 믹스 앤 매치 할 때 하나의 공식만 완벽하게
습득하면 조명, 패브릭, 식물 등 모든 파트에 적용할 수
있다는 것을 이번 책을 정리하면서 다시금 깨달았기
때문이다. 다시 말하면 인테리어 스타일링은 누구나 도전할
수 있는 분야라는 의미이기도 하다.

책이 어느 정도 완성될 즈음, 내가 신혼집 인테리어를
맡았던 뮤지컬 배우 정성화 씨에게 오랜만에 연락이
왔다. "개인 연습실을 꾸미고 싶은데 누나의 아이디어가
필요해요." 그래, 내가 정리한 방식을 적용해 인테리어
스타일링을 완성해 보자 마음먹었고 결과는 대성공이었다.
최소한의 예산으로 공사 없이 오직 스타일링만으로 이번
인테리어를 완성하면서 이 책에 대한 확신을 더욱 갖게
되었다. 물론 책에서 소개하는 인테리어 공식들이 수학
공식처럼 딱 떨어지는 것은 아니다. 때론 자신이 처한
상황과 맞지 않을 수도 있다. 뭐든 아는 만큼 보이는 법이니
이 책을 통해 인테리어에 대한 자신감은 최소한 채울 수
있을 것이라고 생각한다. 이러한 자신감이 하나둘 모여
점점 단단해지면 그것이 곧 나의 취향이자 감각으로 자리
잡는 것이다. 내가 수많은 인테리어 현장을 맞이하며
체득한 노하우들이 인테리어를 사랑하는 많은 사람들에게
미미하게나마 길잡이 역할을 할 수 있기를 바란다.

2023년 10월 조희선

공간 디자인을 통해 맺은 소중한 인연들

Bosse
With **Cho Hee Sun**

Part 1

조명

인테리어 분야에서도 '조명발'이 존재한다. 실내든 실외든
'빛'에 따라 사물과 사람이 시시각각 달라 보이는 것은 조명의
힘이라는 데에 공감할 것이다. 이 분야의 많은 전문가들이
'인테리어의 완성은 조명'이라고 하는 이유는 조명의 유형,
디자인, 성격에 따라 공간의 분위기가 크게 좌우되며, 때로는
조명 그 자체로 인테리어의 하이라이트가 되기 때문이다.
과거에는 조명 인테리어를 언급할 때 유형과 디자인에 대한 것이
대부분이었다면, 요즘은 켈빈 수치에 대해 이야기한다. 외형적인
디자인만을 논하던 시대는 가고 조명을 켰을 때의 분위기에
영향을 미치는 광원의 색 온도를 따지는 시대가 온 것이다.

전구 종류

스스로 빛을 내는 물체인 전구는 일반적으로 백열전구, 형광등, 삼파장 전구, 할로겐 전구, LED 전구로 나뉜다. 150여 년의 역사를 자랑하는 백열전구는 비효율적 에너지의 대명사로 비판받아 오다가 국내에서는 2014년에 퇴출됐다. 가격이 저렴해 백열전구와 함께 '서민 조명'으로 사랑받아온 형광등 역시 낮은 에너지 효율 탓에 2027년까지 순차적으로 역사 속으로 사라질 예정이다. 자연색에 가까운 삼파장 전구는 낮은 전력으로 밝은 빛을 내는 장점이 있지만 전자파가 많이 발생하고 일정한 시간이 지나야 완전히 밝아지는 특징 탓에 공간 제약이 있는 광원이라고 할 수 있다. 할로겐전구는 백열전구의 한 종류로 에너지 효율이 낮지만 사이즈가 콤팩트하고 빛이 밝아 포인트 조명으로 종종 사용된다.

LED는 '라이트 에미팅 다이오드Light Emitting Diode'의 약자로 우리말로 발광다이오드라고 한다. 다른 전구에 비해 에너지 효율이 높아 에너지를 절약할 수 있고 수명이 길어 친환경 광원으로 각광받으며 대부분의 전구가 LED로 바뀌는 추세다. LED 전구의 가장 큰 단점으로 꼽혔던 가격 역시 많이 낮아져서 다른 광원을 찾을 이유가 없어졌다. 다만 레트로 감성을 원하는 소비자를 위해 백열전구 디자인을 차용한 LED 조명 제품은 종종 만날 수 있다.

전구의 색상

어떤 전구 색상을 선택했는지에 따라 내가 꾸민 공간이 차갑고 환한 병원 느낌이 나기도 하고 따뜻하고 안온한 카페가 연상되기도 한다. 흰색에 가까운 밝은 빛은 집중력을 요하거나 활동적인 공간에 적합하며, 안정적인 분위기를 조성할 때는 노란색에 가까운 부드럽고 어두운 빛이 더 잘 어울린다.

주광색

약간 푸른빛을 띠는 흰색으로 주의력과 집중력을 높여준다. 가장 환하고 밝은 컬러인 만큼 공간을 시원하고 쾌적하게 연출해 준다는 장점이 있다. 병원이나 사무 공간에 많이 쓰이며 너무 밝기 때문에 눈을 쉽게 피로하게 한다는 단점이 있다.

주백색

아이보리 빛이 특징으로 편안함과 아늑한 느낌을 준다. 사물을 그대로 보여주는 장점이 있어 눈을 편안하게 하며, 깨끗함과 따뜻함을 모두 갖고 있어 거실과 주방 모두에 잘 어울린다.

전구색

주백색보다 더 노란빛을 띠는 빛으로 창의적인 연구 공간이나 예술·사색·휴식 공간에 적합하다. 편안한 분위기를 연출하기 때문에 주로 카페나 레스토랑 같은 상업적인 공간에서 선호하는 조명이다. 반면 일상생활에서는 다소 어둡게 느껴질 수 있다.

색의 온도, 켈빈

빛의 색상을 수치로 나타내는 켈빈kelvin은 'K'로 표기한다. 켈빈 수치가 높으면 푸른색, 낮을수록 따뜻한 노란색에 가깝다. 일반적으로 가정에서 많이 사용하는 색은 보통 주광색, 주백색, 전구색인데 주광색은 6000K, 주백색은 4000~5000K 미만, 전구색은 2000~4000K 미만 정도라고 할 수 있다. 우리나라 사람들은 대개 3000~3500K를 선호하며, 개인적으로는 따뜻하고 온화한 느낌의 3200K를 선호한다.

전기 소비량, 와트

전구가 1시간당 사용하는 에너지 또는 전기의 양을 와트watt라고 하고 'W'로 표시한다. 와트 수가 높을수록 더 많은 에너지나 전기를 소비한다. 과거에는 와트 수를 기준으로 전구를 선택했지만 에너지 효율이 좋은 LED 전구의 대중화로 와트 수치가 미치는 영향은 미미해졌다.

빛에 따른 조명의 분류

조명은 인테리어 효과를 넘어 눈의 피로도와 작업의 능률에도 지대한 영향을 미친다. 충분한 밝기가 확보되고 밝기의 분포가 고르며 눈부심이나 빛의 흔들림이 없을 때 기능적으로 좋은 조명이라고 할 수 있다. 빛의 범위에 따라 조명을 분류하면 주로 공간의 천장에 설치해 전체를 밝히는 조명을 전체 조명, 공부방의 책상, 주방의 식탁 위 등 필요한 부분만을 밝히는 조명을 국부 조명이라고 한다. 한편 빛의 확산 방향에 따라서 조명을 분류하기도 한다. 빛이 작업 면을 직접 비추면 직접 조명, 벽이나 천장에 반사되어 비추면 간접 조명, 작업 면 또는 대상물의 빛이 모든 방향에서 비추는 조명을 확산 조명이라고 한다. 조금 더 세분하면 반직접 조명, 반간접 조명도 있다.

직접 조명

빛의 90% 이상을 작업 면에 직접 비추는 방식의 조명으로 효율이 제일 높고 경제적이다. 높은 조도를 얻을 수 있으나 공간 전체적으로 균일한 조도를 내기에는 어렵다는 단점이 있다. 또한 눈부심이 일어나기 쉬워 눈의 피로가 빨리 오고 어둡고 강한 그림자가 생긴다. 비교적 설치가 간단하고 벽이나 천장에 의한 반사율의 영향이 적어 색조 등에 대해서도 크게 영향을 받지 않는다.

간접 조명

빛의 90% 이상을 천장이나 벽에 투사시켜 그 빛을 이용해 반사광을 얻는 방식으로 눈부심이 없고 명암의 차이와 그림자가 없는 균등한 조도 분포로 부드러운 분위기를 연출할 수 있다. 하지만 설비비와 유지비 등이 많이 들어 효율이 좋지 않다.

반직접 조명

빛의 60~90%를 작업 면으로 향하게 해서 광원을 직접 물체에 투사하고 나머지는 반사되는 방식으로 눈부심이 조금 있으며, 나머지 10~40%의 빛이 천장이나 위벽 부분에서 반사되어 작업 면의 조도를 증가시켜 옅은 그림자가 생긴다. 일반적으로 밑바닥이 개방되어 있으며 갓이 반투명 유리나 플라스틱으로 되어 있다. 일반 사무실이나 주택의 조명으로 주로 사용한다.

반간접 조명

반투명의 유리 접시나 플라스틱제를 사용하는 방식으로 빛의 10~40%가 대상물에 직접
투사되고 나머지는 반사된다. 부드러운 빛을 낼 수 있어 화장실 벽, 전시실 같은 곳에
적합하다.

확산 조명

빛을 모든 방향으로 투사해서 실내 전반에 비교적 균등한 조도를 갖게 하는 방식으로
수평 면은 직접 비추고, 위로 향한 빛은 천장이나 위벽 부분에서 반사광을 이룬다.
눈부심이 많지 않고 그림자도 약해 사무실, 상점, 주택 실내에 많이 사용한다.

빛의 분포에 따른 조명 방식

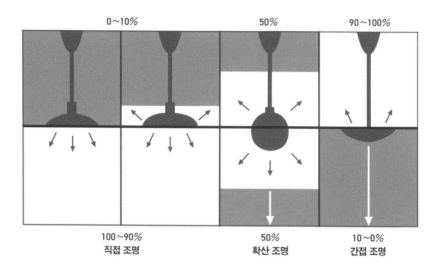

100~90%
직접 조명

50%
확산 조명

10~0%
간접 조명

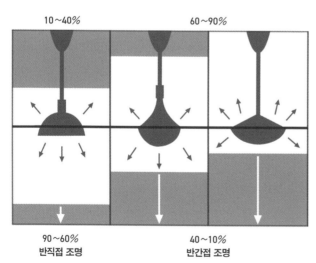

90~60%
반직접 조명

40~10%
반간접 조명

빛이 어느 방향으로 얼마나 분포되는지에 따라 크게 다섯 가지로 나뉘어진다.

조명등의 종류

디자인적 요소를 감안한다면 조명등은 몸단장을 마친 후 외출 직전에 착용하는 액세서리와 비슷한 역할을 한다. 공간을 더 화사하게 혹은 차분하게, 따뜻하거나 차갑게, 분위기를 업그레이드하거나 반전시키는 포인트 아이템이기 때문이다. 벽 조명등과 다운라이트를 설치하려면 과거에는 공사가 필수였으나 최근에는 건전지를 넣거나 충전식 무선 제품이 출시되어 마음만 먹으면 누구나 도전할 수 있다.

천장 조명등

LED 전등이나 케이스가 있는 조명을 천장 표면에 설치하는 조명으로 실링 라이트라고 하며, 국내에서는 일반적으로 '직부등'이라고 부른다. 한국에서 가장 일반적으로 사용하는 주 조명이며, 적은 전력으로 공간 전체를 비추는 효율적인 조명이지만 장소나 좁거나 층고가 낮은 경우에는 시야를 가리고 실내를 더 좁아 보이게 할 수 있으니 주의가 필요하다.

펜던트 조명등

선이나 줄에 매달아서 설치하는 형태의 조명으로 사람이 지나다니는 동선에 영향을 끼치지 않는 곳에 설치하는 것이 좋다. 제품의 디자인이 다양하고 자가 설치가 가능하다. 펜던트 조명등의 디자인이 점차 다양해지면서 원색 컬러나 원목 소재 외에도 선택의 폭이 넓어졌다. 스틸 소재나 세라믹 소재처럼 독특한 질감이나 군더더기 없이 심플한 디자인 조명은 그 자체로 강렬한 조형미를 선보인다. 과거에는 식탁 위 펜던트가 공식처럼 느껴졌으나 요즘은 침대 위 콘솔 같은 코너 공간에도 많이 단다. 동선에 문제가 없다면 원하는 곳 어디에나 펜던트 조명등을 설치해도 괜찮다.

Mentor's tip

최근 펜던트 조명등의 전선 디자인과 컬러가 다양하게 출시되어 전선을 그대로 노출하는 경우가 많아요. 펜던트의 전선 홀더를 사용하면 전선 공사와 도배 공사 없이 집에서도 셀프로 펜던트 조명등을 달 수 있어요. 원하는 위치에 펜던트 전선 홀더를 고정한 후 펜던트 전선을 연결하면 끝! 펜던트 조명등을 구입할 때는 줄 길이를 4m 정도로 넉넉하게 주문하는 것을 추천해요.

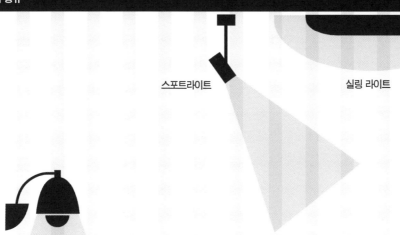

스포트라이트

실링 라이트

브래킷

플로어 스탠드

테이블 램프

다운라이트

샹들리에

펜던트

스탠드 조명등

활용도가 가장 높은 조명등으로 바닥에 설치하는 플로어 스탠드, 테이블 위에 놓는
테이블 스탠드로 나뉜다. 과거에는 외국 인테리어 잡지를 보고 키 큰 플로어 스탠드를
무작정 구매했다가 낭패를 보는 경우가 간혹 있었으나 우리나라 아파트의 층고가 점차
높아지면서 스탠드 조명등의 높이는 크게 걱정하지 않아도 된다. 플로어 스탠드의 갓의
너비는 일반적으로 99m^2(30평) 아파트의 거실을 기준으로 지름 60cm 정도가 적당하다.
콤팩트한 사이즈의 테이블 스탠드는 서재나 침실에 포인트 아이템으로 활용하기 좋다.
고정식 팬던트나 매립형 조명등보다는 설치나 이사에 대한 부담 없이 오래 사용할 수 있는
품목이기에 스탠드는 가급적 제대로 된 아이템을 선택하라고 충고하는 편이다. 최근에는
코드 리스 제품이 많이 출시되어 공간의 제약이 줄고 선택의 폭이 더욱 넓어졌다.

벽 조명등

천장 조명등과 같은 직부등의 형태로 천장이 아닌 벽에 부착해 분위기를 조성하는 데
쓰인다. '브래킷'이라고도 부르며 메인 조명이 아닌 보조 조명으로 적합하다.

다운라이트

천장에 매립되어 있는 작은 광원으로 아래쪽을 선명하게 비추는 조명 기구이다. 여러
개를 규칙적으로 진열하는 방식이 많이 쓰이고, 조명등을 매립해 깔끔한 형태로
빛을 분산시킬 수 있다는 장점이 있다. 진짜 다운라이트는 아니지만 형태를 차용해
다운라이트의 매력을 느낄 수 있는 건전지 제품이 시중에 많이 나와 있다.

샹들리에

천장에 매달아 사용하는 여러 개의 가지가 달린 방사형 모양의 조명등이라는 점에서
펜던트와 비슷하다. 일반적으로 샹들리에는 유리 또는 크리스털 등으로 장식한
화려하고 우아한 디자인의 조명을 말한다. 예전에는 조명등 가지 끝마다 촛불을 켜
밝혔으나 지금은 주로 전등을 이용한다.

스포트라이트

무대 조명으로 알고 있는 스포트라이트는 공간의 한 부분을 밝게 비추기 때문에 포인트
조명으로 많이 사용한다. 다운라이트와 달리 빛의 방향을 자유롭게 바꿀 수 있고
원하는 공간 또는 사물을 부각시킴으로써 활력을 불어넣는다. 카페나 갤러리 느낌의
인테리어를 하고 싶을 때 활용하면 좋다.

이상적인 펜던트 조명등 높이

80cm

30~50cm

150~160cm

식탁 위   수납장 위   벽 코너 위

수치는 참고만 할 뿐 실제로 사용자의 라이프스타일, 공간의 천장 높이 등을 고려해 펜던트 조명등 길이를 선택한다.

공간별 조명 가이드

만약 집 안에 들어섰을 때 집이 나를 반겨주는 느낌을 받지 못했다면 먼저 조명을
바꾸라고 제안하고 싶다. 앞서 설명한 것처럼 조명은 노력 대비 집의 분위기를 가장
드라마틱하게 바꿀 수 있는 아이템이지만 아직 이런 효과를 경험해 본 적이 없는
사람에게는 몰라서 놓치는 아이템이기 때문이다.

복도

복도 조명을 선택할 때는 공간의 형태와 천장 높이를 고려해야 한다. 다운라이트는 방과
방 사이의 좁은 벽면이나 현관에서 거실로 진입하는 복도에 설치하는 것이 효과적이다.
이때 빛이 벽을 향하게 하면 공간이 넓어 보이는 효과가 있고 눈부심도 없다. 또 복도의
콘솔 위에 다운라이트를 서너 개 달면 좁은 공간에 공간감을 부여해 넓어 보이는 효과를
기대할 수 있다. 복도 천장이 높다면 펜던트 형태의 조명도 가능하다.

거실

천장에 메인 조명이 달려 있는 일반적인 가정집의 형태라면 플로어 스탠드 또는 테이블
스탠드를 더해 아늑하고 입체적인 분위기를 완성할 수 있다. 키가 큰 업라이트 플로어
스탠드는 빛이 위로 퍼져 한층 우아하고 고급스러운 분위기를 이끌어내며, 높이가 낮은
플로어 스탠드는 따뜻하고 아늑한 분위기를 연출하는 데 도움이 된다.

Mentor's tip

날이 어두워지면 밖에서 우리 집 내부가 보일까 염려되어 발코니의 불은 끄고 거실의 커튼을
치는 경우가 많잖아요? 프라이버시는 지키면서 안온한 무드를 연출할 수 있는 방법을
알려줄게요. 발코니에 펜던트나 스탠드 조명등을 놓고 환하게 밝히면 돼요. 대신 거실은
간접 조명만을 사용해 상대적으로 어둡게 연출하는 것 잊지 마세요.

주방과 다이닝 룸

집의 천장이 너무 낮지만 않다면 식탁 위 펜던트 조명등은 한 번쯤 도전해 볼 만한 아이템이다. 다만 우리나라 아파트는 대체로 층고가 낮기 때문에 어느 정도 불편함을 감수해야 할 수도 있다. 간혹 머리에 부딪칠 것을 염려해서 펜던트 조명 전선을 너무 짧게 연출하는 경우도 있는데 아무리 고가의 조명이라도 펜던트 고유의 매력이 사라지므로 추천하지 않는다. 만약 펜던트를 달 수 없을 만큼 층고가 낮은 곳이라면 다운라이트로 포인트를 줄 수 있다.

Mentor's tip

잘 고른 식탁 조명은 식사 분위기를 밝게 주도하고 식욕을 돋우는 법이지요. 식탁 조명으로 가장 많이 설치하는 펜던트는 식탁 사이즈에 어느 정도 영향을 받을 수밖에 없어요. 자리에서 일어섰을 때 머리와 부딪치지 않도록 식탁에서 약 80cm 높이로 길이를 조정해 설치하는 것이 안정적이에요. 펜던트 조명 하나로 원하는 조도를 확보하기 어렵다면 펜던트 여러 개를 일정한 간격으로 설치하거나 다운라이트를 추가하는 방법도 있어요. 식탁 위에 펜던트 조명이 없다면 포터블 조명을 센터피스처럼 활용해도 좋아요. 식탁 조명의 전구는 옅은 노란색을 띠는 전구색이나 옅은 아이보리의 백색 조명을 선택하는 것이 좋아요. 흰색에 가까울수록 음식이 차갑게 느껴지니 주의하세요.

침실

휴식과 수면에 집중하고 싶다면 안락하고 부드러운 조도 위주의 조명으로 선택하는 것이 좋다. 차가운 느낌의 백광보다는 주백색이나 전구색을 추천한다. 주의할 점은 조명의 방향이 침대를 마주 보거나 빛이 사람의 눈에 직접적으로 닿지 않게 할 것. 조명이 이미 설치돼 있다면 차광 덮개가 있는 조명 스타일을 선택해 조명의 강약을 조절할 수 있다. 만약 침대 위에서 독서를 즐긴다면 간단히 보조 스탠드를 두거나 침대 헤드 부분에 작은 벽등을 설치하는 것도 방법이다.

③

④

주방과 다이닝 룸의 조명 가이드

① 펜던트 조명등   ② 간접 조명등(T5)   ③ 다운라이트   ④ 펜던트 또는 샹들리에

⑤

침실의 조명 가이드

① 플로어 스탠드　② 테이블 스탠드
③ 간접 조명등(T5)　④ 다운라이트
⑤ 펜던트 또는 상들리에

아이 방

아이 방에는 전체 조명 외에도 귀여운 모양의 보조 조명이나 스탠드를 설치하는 것이
일반적이다. 특히 조명의 조도를 수면에 방해되지 않는 선에서 골라야 질 좋은 숙면
환경을 조성할 수 있다. 동심을 자극하고 시선을 사로잡는 다양한 디자인의 직부등을
온·오프라인 숍에서 쉽게 구할 수 있으니 아이의 취향에 맞는 것을 설치하면 된다. 또한
너무 밝은 빛에 노출되거나 반대로 어두운 곳에서 공부하면 시력 발달에 좋지 않은
영향을 주므로 아이 방 조명은 가급적 보조 스탠드를 함께 사용하는 것을 추천한다.

디자인 조명 직구 시 주의 사항

전 세계 해외 직구 시장이 급속도로 성장하면서 국내에 정식 수입되지 않은 제품도
어렵지 않게 구할 수 있는 시대가 되었다. 수입이 되더라도 가격적인 혜택 때문에
직구를 선택하는 경우도 많은데 조명 역시 예외 품목이 아니다. 첫 구매 혜택, 시즌별
할인 쿠폰 등 프로모션이 다양해서 손품을 팔면 저렴한 가격에 원하는 제품을 손에 넣을
수도 있으나 전기 제품인 조명 기구는 '전기생활용품안전법'에 의해 통관이 까다로운
편이다. 정격전압 교류 30V를 초과하거나 직류 42V를 초과하는 전기 용품은 KC 인증을
받아야 하므로 LED 전구의 경우 USB 전원이나 건전지를 사용하는 방식의 조명 기구나
단순 전원 기능만 있는 상품 정도가 통관이 가능한 상황이다. 다만 개인 사용 목적으로
1일 1개의 제품에 한해서는 별도의 인증 없이 통관이 가능하다. 비용 절약을 위해
직구를 선택했다면 관세 역시 꼼꼼하게 체크해야 한다. 기본적으로 150달러 미만의
제품은 관세와 부가세 면제 대상이다. 또한 150달러 이상 제품도 FTA 협약에 따라 유럽
생산 제품에 한해 관세가 면제 또는 할인되고 부가세 10%만 내면 된다. 주의할 점은
브랜드의 국적이 아닌 제품별 제조국 기준이므로 원산지 증명서가 필요하니 구매하려는
직구 사이트에서 이를 제공하는지도 확인해야 한다.

Mentor's tip

국내의 조명 직구 쇼핑객이 애용하는 사이트로는 노르딕네스트(www.nordicnest.kr),
로얄디자인(royaldesign.kr), 네스트(www.nest.co.uk) 등이 있어요. 이 중 국내 서비스를
지원하는 로얄디자인과 네스트는 구매 시 원산지 증명서를 제공하니 참고하세요.

Part 2

패브릭 아이템

인테리어에 있어서 패브릭 아이템의 존재는 옷과 비슷한 점이
많다. 계절에 따라 스타일이 바뀌고 그때그때 다른 유행을 좇기
때문. 패션 아이템을 구매하거나 교체하는 것이 가장 좋은 기분
전환 수단인 것처럼 인테리어의 패브릭 아이템은 가구 교체나
시공 없이 집 안에 변화를 줄 수 있는 손쉬운 방법 중 하나이다.
커튼, 침구, 러그 등 각 용도에 맞는 제품을 제대로 선택하는 것도
중요하지만 패브릭 아이템을 소파나 의자, 침대 위에 무심하게
걸쳐두는 것만으로도 충분히 따뜻하고 멋스러운 분위기를 연출할
수 있다. 그림이나 포스터처럼 패브릭 아이템을 벽에 걸면 밋밋한
벽에 질감을 더하고 독특한 무드를 자아내기도 한다. 이처럼
패브릭 아이템은 정해진 용도 외에도 활용 범위가 무궁무진하다.
소재, 텍스처, 패턴, 색상에 따라 얼마든지 색다른 분위기를 연출할
수 있을 뿐만 아니라 부드러운 직물은 어느 정도 소음을 차단하는
흡음 효과도 있다.

커튼

집 안의 분위기를 가장 많이 좌우하는 패브릭 아이템이 바로 커튼이다. 커튼의 색상, 소재, 패턴에 따라 전혀 다른 공간 분위기를 연출할 수 있다. 딥한 컬러의 커튼은 중후한 느낌을 주며, 과감한 패턴의 커튼은 그림 한 점 걸어놓은 듯 공간을 화사하게 바꿔준다. 궁극적으로 창의 크기를 조절할 수는 없으나 커튼을 창보다 크게 설치하면 창이 커보이는 효과를 기대할 수 있다. 또한 커튼 봉을 설치했는지, 레일을 선택했는지에 따라서도 분위기가 달라진다. 커튼 선택의 기준은 커튼이 설치될 공간의 가구, 소품과의 조화이다.

커튼 종류

속 커튼과 겉 커튼

거실에는 속 커튼과 겉 커튼을 함께 설치하는 경우가 많다. 유리창 바로 앞쪽에 다는 속 커튼은 실내로 들어오는 빛을 부드럽게 투과해 공간을 아늑하게 만들고 집 안이 훤히 들여다보이는 것을 막아 사생활 보호에도 도움이 된다. 비교적 두꺼운 천을 사용해 무게감이 있는 겉 커튼은 집 안의 전체적인 분위기를 좌우하기 때문에 컬러와 패턴, 두께 등을 고려해 신중하게 선택해야 한다. 공간의 분위기를 바꾸고 싶다면 속 커튼은 그대로 두고 겉 커튼만 바꿔주어도 전혀 다른 무드를 연출할 수 있다.

Mentor's tip

패턴 커튼과 속 커튼을 함께 단다면 속 커튼 색깔은 패턴 커튼의 컬러 중 하나를 선택하는 것을 추천해요. 또 겉 커튼과 속 커튼의 색상이 톤 온 톤으로 비슷하다면 거친 질감과 부드러운 질감을 매치하는 식으로 텍스처에 차이를 두면 훨씬 멋스럽지요. 겉 커튼과 속 커튼의 배치를 뒤집어보는 발상 전환도 분위기를 바꿔주는 데 효과적이에요. 보통은 망사나 번아웃 등의 얇은 감을 속 커튼으로 넣고, 자카르나 벨벳 등의 두꺼운 원단을 겉 커튼으로 달지만 그 반대로 적용해도 꽤 재미있는 스타일이 연출돼요.

암막 커튼

외부의 빛을 차단해 실내를 어둡게 만드는 커튼으로 겉 커튼 용도로 활용한다. 암막
효과 외에도 여름철에는 자외선과 뜨거운 외부 공기를 차단하며 겨울철에는 찬 바람을
차단하는 역할을 한다. 최근에는 암막 효과를 조금 약화시키는 대신 미적인 면을 강조한
다양한 컬러와 디자인의 상품이 인기를 끌고 있다. 소재 역시 다양하게 출시되어 이중
커튼의 형태가 아닌 암막 커튼 하나만으로 스타일링하는 사례가 늘고 있다. 암막 커튼의
기능을 최대한 살리고 싶다면 커튼 봉보다는 레일로 설치하는 것이 좋다. 커튼 봉은
브라켓의 높이만큼 생기는 틈 사이로 빛이 새어들 수 있기 때문이다.

평주름 커튼과 나비주름 커튼

같은 원단을 사용하더라도 주름에 따라 커튼이 주는 무게감과 풍성함이 달라질 수 있다.
주름을 잡지 않은 일반 커튼을 평주름 커튼이라 하고, 원단을 커튼 완성 가로 길이보다
두 배 정도를 사용해 커튼 윗부분에 박음질로 주름을 잡은 것을 나비주름 커튼이라고
한다. 일반적으로 패턴이 있거나 포인트로 사용하는 원단으로 만든다면 평주름으로,
무지 혹은 면적을 채울 목적의 원단으로 만든다면 나비주름을 추천한다. 평주름 커튼은
창문 너비의 1.5배 정도 넉넉하게 제작하는 것이 좋다.

커튼 소재

리넨linen

천연 식물성 섬유로 저자극, 자연스러운 느낌이 가장 큰 것이 장점이다. 건조도 통풍도
잘되지만 구김이 잘 간다. 암막 커튼 제작 시 활용도가 높으며 내추럴한 인테리어
효과를 기대할 수 있어 스테디셀링 소재이다.

면cotton

목화에서 뽑아낸 가장 자연스럽고 무난한 패브릭으로 재질이 부드럽고 관리하기도
쉽다. 폴리에스테르와 혼방한 면도 많아 사용 범위가 넓어졌으나 최근에는 100% 면에
특수 마무리를 한 럭셔리 코튼이 더 인기다.

새틴satin

표면은 은은히 반짝거리고 뒷면은 광택이 없게 짜는 직조 방식 또는 이런 방식으로

커튼 주름의 종류

펜슬 주름

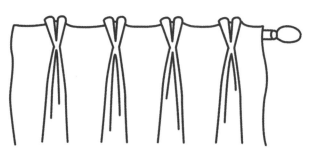

2배 주름(나비주름)

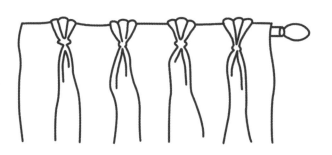

3배 주름

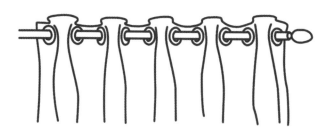

아일렛

만든 모든 패브릭을 지칭한다. 표면엔 광택이 돌지만 다루기 편하고 가격대도 좋아 실크 대용으로 많이 사용된다.

시폰chiffon

속 커튼으로 자주 사용되는 소재로 원단의 두께가 얇아 하늘거리는 느낌을 연출할 수 있다. 세탁이 쉽고 건조가 빨라 관리하기 편하다.

벨벳velvet

실크와 마찬가지로 고급스러운 소재로 100% 암막 효과를 자랑한다. 묵직한 무게만큼 보온성이 뛰어나며 벨벳 소재 특유의 부드러운 촉감이 강점이다. 화려하고 귀족적인 인테리어를 연출하는 데 도움이 된다.

커튼 봉 vs. 레일

클래식하면서도 포근한 느낌을 선호한다면 커튼 봉을, 군더더기 없는 깔끔한 느낌을 원한다면 레일을 추천한다. 유럽에서는 커튼 봉을 선호하는 반면 천장이 낮은 우리나라에서는 설치했을 때 두드러지지 않는 레일이 여전히 인기다. 커튼 봉은 비교적 설치가 쉽고 너비 조절이 용이하다. 철거 및 재설치가 간단한 것도 장점이다. 반면 레일은 속 커튼과 겉 커튼을 동시에 설치하는 이중 커튼을 연출할 때 효과적이다. 취향대로 원하는 방식을 선택해도 무관하나 심미적인 측면에서 보자면 커튼 박스가 있으면 레일을, 그렇지 않으면 커튼 봉이 더 낫다.

Mentor's tip

천장에 레일을 고정할 때는 레일을 벽 쪽에 너무 붙이지 않는 것이 좋아요. 커튼이 벽에 눌리지 않고 자연스럽게 접히려면 여유 공간이 필요하기 때문이지요.

커튼의 너비와 길이

커튼의 너비와 길이는 취향의 문제이긴 하나 전문가들의 공통적인 조언은 커튼 너비와 길이를 너무 짧게 하지 말라는 것이다. 먼저 흔히 '폭'이라고 말하는 커튼 너비를 계산하는 방법은 커튼 봉(또는 레일)의 전체 길이에서 1.5~2.5를 곱하는 것이다. 커튼을 멋스럽게 연출하고 싶다면 무조건 2배 이상 넉넉하게 재단하는 것을 추천한다. 일반적인 아파트의 베란다 전면 창의 경우 창 사이즈가 아닌 벽의 너비와 길이(월투월, wall to wall)로 접근해 벽 전체를 덮는 것이 이상적이다. 커튼 길이의 경우 한국인들이 선호하는 길이는 바닥과 아슬아슬하게 맞닿는 느낌으로 바닥에서 1cm 정도 떨어지게 맞추면 된다. 이렇게 하면 커튼이 바닥에 끌리지 않으면서 닿을락 말락 하는 높이가 되는데, 개인적으로는 바닥에 살짝 끌리는 길이를 선호한다. 대부분의 아파트에는 레일을 감추기 위해 천장 면에 설치하는 커튼 박스가 설치되어 있어 커튼 박스에서 바닥까지 길이를 계산하면 된다. 커튼 박스가 없다면 천장 몰딩에 가깝게 설치하면 된다.

Mentor's tip

커튼 밑단을 이중으로 접어 마무리를 하면 커튼 밑단에 무게감이 실려 더 아름답게 바닥에 드리워지니 참고하세요. 얇은 커튼이 더 멋지게 늘어지길 원한다면 커튼 밑단의 가장자리에 커튼용 추를 넣는 방법도 있어요.

전면 창문일 때 이상적인 커튼 길이

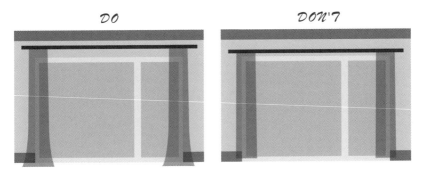

커튼이 바닥에 딱 맞게 닿는 느낌이 우리나라 사람들이 가장 선호하는 길이지만 조금 더 여유 있어 바닥에
살짝 끌리는 것도 나쁘지 않다.

부분 창문일 때 이상적인 커튼 길이

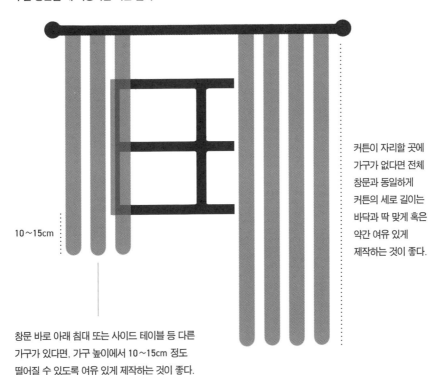

10~15cm

창문 바로 아래 침대 또는 사이드 테이블 등 다른
가구가 있다면, 가구 높이에서 10~15cm 정도
떨어질 수 있도록 여유 있게 제작하는 것이 좋다.

커튼이 자리할 곳에
가구가 없다면 전체
창문과 동일하게
커튼의 세로 길이는
바닥과 딱 맞게 혹은
약간 여유 있게
제작하는 것이 좋다.

겹쳐서 달기 vs. 일렬로 나란히 달기

레일이나 커튼 봉을 두 개 겹쳐 달아 원근감과 볼륨감을 주는 방법과 하나의 레일이나 봉에 하나를 먼저 달고, 그다음에 연결해서 나머지 하나의 커튼을 이어 다는 방법이 있다. 전자인 겹쳐서 달기는 패널을 여러 장 달아서 그림 효과를 주는 것으로, 다른 벽 장식이 없을 때 효과적이다. 커튼을 선택할 때는 컬러와 패턴을 적절히 섞어 레이어링하는 것이 좋다. 반면 일렬로 나란히 달기는 창문이 좁거나 주방처럼 많이 가릴 필요가 없는 공용 공간에 적합한 방법으로, 패브릭을 절약할 수 있어 경제적이다.

Mentor's tip

레일을 삼중으로 설치해 커튼을 연출하는 방법을 소개합니다. 각 레일에 색상과 소재가 다른 커튼을 설치해 자유롭게 스타일을 조합할 수 있어요. 제일 안쪽에는 반투명 시어 커튼을, 가운데에는 시선과 빛 차단용 암막 커튼을, 바깥쪽에는 실내 분위기를 살려주는 데커레이션용 디자인 패브릭 커튼을 설치하는 거예요. 특히 원단 한 쪽이 그대로 떨어져 내리도록 하는 패널형 커튼은 삼중 레일 시스템을 통해 개성을 표현하기 좋은 아이템이에요. 각각의 레일에 다른 색상의 커튼을 설치해 원하는 스타일로 연출할 수 있고 기존 커튼 배열에서 포인트가 되는 요소를 더해도 좋아요.

가리개 커튼

커튼은 기본 용도 외에도 공간을 분리하거나 보기 싫은 곳을 가릴 때도 효과적인 아이템이다. 시중에 판매 중인 가리개 커튼은 다양한 용도로 활용이 가능하다. 현관에는 중문 대신 달아 사생활을 보호하고 외부의 차가운 공기를 막을 수 있다. 정리가 안 돼 지저분한 곳을 가려 정돈된 분위기를 연출할 수 있으며, 공간 분리가 필요한 곳에 파티션 용도로도 활용할 수 있다. 아직 잠자리를 완벽히 독립하기 어려운 아이를 위해 아이 방에 문 대신 다는 경우도 있다. 따로 브라켓을 연결할 필요 없이 패브릭 상단에 봉집을 만들어 압축봉을 끼워 넣는 형태이므로 설치 또한 간단하다.

가리개 커튼

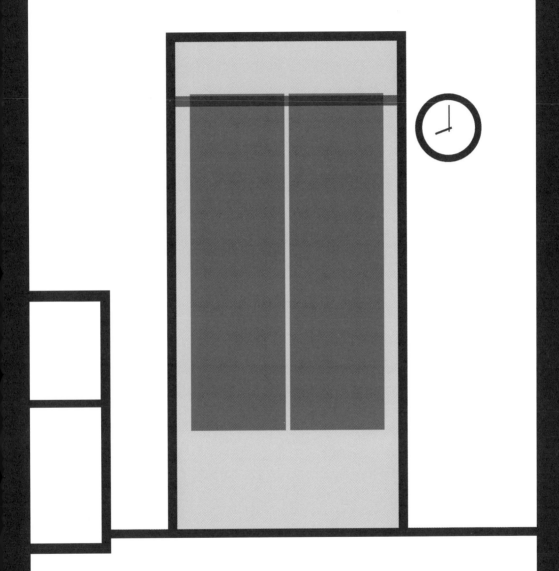

가리개 커튼은 큰 비용과 힘을 들이지 않고도 간편하게 공간을 분리할 수 있어 공간 활용성을 높이면서도 미적
효과를 가져다준다.

침구 명칭

① 샴(뒷베개)
② 베개
③ 쿠션
④ 넥롤 베개
⑤ 이불
⑥ 베드 스프레드
⑦ 매트리스 커버
⑧ 패드 또는 토퍼

침구와 쿠션

비용을 최소화하면서 스타일링만으로 침실의 분위기를 바꾸고 싶다면 부피가 큰 가구 대신 침구에 투자하라고 조언하고 싶다. 이때 이불과 베개는 디자인에 앞서 질 좋은 제품을 구입하는 것이 중요하다. 충전재 자체에 힘이 있어야 어떤 커버도 소화할 수 있다. 매번 침구를 바꾸는 것이 부담스럽다면 베드 스프레드를 이용하는 방법도 있다. 보통 호텔에서 이불 위에 덮어놓은 두꺼운 천인 베드 스프레드는 침대를 사용하지 않을 때 위에 걸쳐두어 침구에 먼지가 붙는 것을 예방하고 장식적인 효과도 기대할 수 있다. 베드 스프레드와 커튼의 색을 맞추면 한결 통일감 있는 침실을 연출할 수 있다. 침실과 소파에 매치하는 쿠션은 사이즈를 달리해 구입하고 침구처럼 충전재가 좋은 것에 투자해야 원하는 스타일링을 완성할 수 있다.

Mentor's tip

쿠션 스타일링 팁은 모델하우스를 떠올리면 쉬워요. 소파나 침대 위에 다양한 사이즈의 쿠션이 연출되어 있는 것을 많이 봤을 거예요. 쿠션의 사이즈가 다양해야 스타일링하기 쉽기 때문이에요. 또 쿠션이 하나같이 속이 빵빵하게 차 있고 각이 잘 잡혀 있는데요, 이너 뷰티 하듯 좋은 속을 사용해야 원하는 각을 잡을 수 있고 시간이 지나도 꺼지지 않아요. 저는 가급적 일반 솜보다는 구스 속을 구입하라고 말합니다.

커튼과 침구의 색채 대비

침실은 커튼과 침구의 컬러나 매치 방법에 따라 전체적인 분위기가 확연히 달라진다. 커튼과 침구를 세트로 구매할 수도 있지만, 보색이나 대비되는 색상으로 매치하면 마치 부티크 호텔 같은 강렬하면서도 독특한 분위기가 완성된다. 세련된 느낌의 짙은 회색과 레드 컬러의 조화는 초보자들도 시도해 볼 만한 색상 조합이다. 예를 들어 눈이 편안한 회색 컬러를 커튼에 사용하고, 강렬한 레드 컬러는 포인트 침구로 활용하는 식이다. 인테리어 입문자라면 이불처럼 부피가 큰 패브릭 아이템의 컬러를 과감하게 선택하는 것이 어려울 수 있으니 베개, 쿠션 등 소품류부터 도전하라고 조언한다. 매트리스 커버와 이불은 회색 커튼과 톤온톤 느낌의 무난한 컬러를 선택하고 톤 다운된 솔리드 레드 컬러

베개와 레드 컬러가 들어간 플라워 패턴 쿠션을 매치하는 식이다. 침실에 약간의 컬러를 더하면 훨씬 더 생동감 넘치는 공간으로 탈바꿈할 수 있다. 한편 사이즈가 큰 샴(뒷배개)은 호텔식 침대를 연출할 때 필수 아이템으로 헤드보드 대신 샴 두 개를 나란히 놓기도 한다.

패브릭 쿠션 스타일링

단색 소파에 어떤 패브릭 쿠션을 매치하느냐에 따라 거실 인테리어가 달라질 수 있다. 일반적으로 3인용 소파에는 3~4개의 쿠션을 배치하는 것이 적당하다. 솔리드 컬러 패브릭만 사용하면 지루한 느낌이 들 수 있으므로 패턴 쿠션 2개, 단색 쿠션 1개 정도를 매치하거나, 강렬한 프린트가 들어간 패브릭 쿠션 1개에 컬러풀한 솔리드 패브릭 쿠션 2개를 매치하는 것이 정석이다. 앞서 설명한 것처럼 쿠션은 다양한 사이즈로 구비할수록 재미있는 스타일링을 완성할 수 있다. 정돈된 느낌을 강조하고 싶을 때는 거울 대칭을 활용해 고급스러운 소재의 쿠션을 배치하고, 세련되고 모던한 느낌을 연출하고 싶을 때는 다양한 패턴과 컬러의 쿠션을 사용한다.

쿠션의 종류

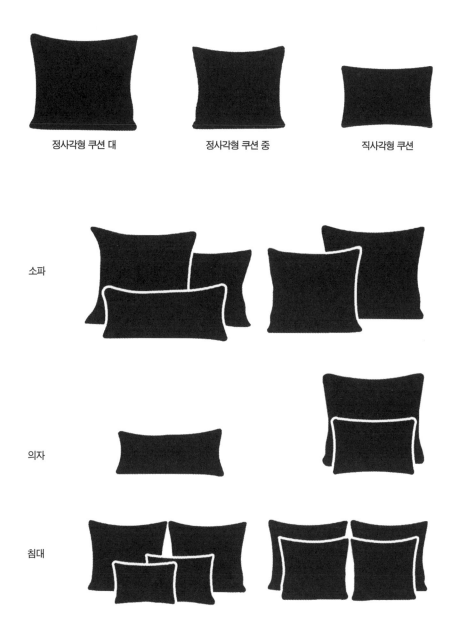

정사각형 쿠션 대   정사각형 쿠션 중   직사각형 쿠션

소파

의자

침대

형태뿐만 아니라 다양한 사이즈의 쿠션을 가지고 있으면 스타일링할 때 유용하다.

쿠션 디자인 믹스 앤 매치 아이디어

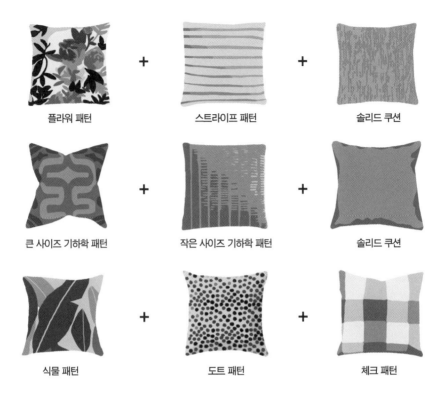

플라워 패턴   +   스트라이프 패턴   +   솔리드 쿠션

큰 사이즈 기하학 패턴   +   작은 사이즈 기하학 패턴   +   솔리드 쿠션

식물 패턴   +   도트 패턴   +   체크 패턴

쿠션 각 잡는 팁

러그

카펫과 러그는 크기로 구분한다. 유럽의 가정집이나 호텔에서 볼 수 있듯 특정 공간의 바닥 전체에 깔아 바닥재 역할을 하는 것은 카펫이고, 바닥의 일부를 덮는 것은 러그다. 따라서 우리나라 가정집에서 사용하는 카펫은 모두 러그라고 생각해도 크게 무리는 없을 것이다. 다만 브랜드에 따라 비교적 큰 사이즈의 깔개를 '카펫'으로, 작은 사이즈를 '러그'로 구분하는 경우가 있으니 참고하면 된다. 카펫과 러그는 유럽과 미국 등지에서는 일상적인 아이템이지만 좌식 문화를 선호하는 국내에서는 주목도가 낮았다가 인테리어적 효과와 난방비 절약 등 실용성이 조명되며 급부상하고 있다. 공간 스타일링에서 러그는 평범한 옷에 스카프를 두르는 것과 같은 역할을 한다. 없어도 무방하나 작은 아이템 하나로 스타일리시해질 수 있기 때문이다. 특히 바닥재가 마음에 들지 않을 때 러그만큼 좋은 아이템은 없을 것이다. 일반적으로 러그는 사이즈가 정해져 있어 특정 공간의 일정 부분에만 깔 수 있다. 하지만 다채로운 패턴으로 제조가 가능하고 러그의 소재 역시 점차 다양해지는 추세라서 자카르, 사이잘룩 등 관리가 편한 특수 원단으로 제작된 상품을 쉽게 구할 수 있게 되었다.

실용적인 러그 고르기

바닥 공사를 할 수 없을 때 러그만큼 좋은 아이템도 없다. 러그를 고를 때 놓이게 될 공간을 어느 정도 고려할 필요는 있으나 반드시 사이즈를 맞춰야 한다는 고정 관념은 버리는 것이 좋다. 러그를 구입할 기회가 있다면 작은 사이즈를 여러 개 사라고 조언한다. 2m, 3m 되는 대형 러그는 보관도 위치 이동도 어렵다. 반면 작은 사이즈의 러그는 좁은 공간에는 단독으로, 넓은 공간에는 2~3개를 함께 놓아 스타일링 할 수 있다. 레이어링을 위한 러그를 선택할 때 인테리어 입문자라면 같은 디자인을 2~3개 사는 것도 방법이다. 예를 들어 블랙 앤 화이트 스프라이트 패턴 러그를 3개 갖고 있다면 가로, 세로 어긋나게 놓아 스타일리시하게 연출할 수 있다.

러그 털의 종류에는 크게 장모, 단모가 있다. 장모는 말 그대로 긴 털을 말하며 따뜻한 느낌을 주고 실제로 보온성도 뛰어나지만 먼지가 나는 등 관리하기에 까다로운 편이다. 단모 러그는 상대적으로 관리하기가 편한 반면 러그 특유의 포근한 느낌이 덜하다는 단점이 있다. 하나의 러그로 사계절 내내 사용하고 싶다면 면 소재, PVC 또는 아크릴 재질의 단모를 추천한다. 가격이 저렴하면서 물세탁이 가능해 관리가 편하다는 장점이 있다. 러그가 오염되기 쉬운 주방이나 다이닝 룸에서는 천연 섬유보다는 합성 섬유를

거실 러그 사이즈 가이드

2인용 소파
1.65m^2

3인용 소파
3.3m^2

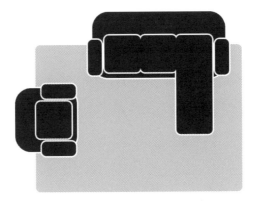

카우치형 소파
4.95m^2 또는 6.6m^2

권한다. 이때 밀도가 높은 제품을 골라야 가구에 의한 손상이 적고 고급스러운 느낌을
낼 수 있다.

러그 사이즈 고르기

어떤 크기의 러그를 고를 것인가는 해당 공간의 중심이 되는 가구를 기준으로 생각하면
쉽다. 일반적으로 가구의 길이와 너비보다 큰 러그를 선택하기를 권한다.

거실

거실의 메인 가구인 소파를 기준으로 러그 사이즈를 결정한다. 러그는 소파 양쪽으로
약간 튀어나오는 것이 좋고 테이블이 놓여 있다면 조금 더 넉넉한 사이즈를 선택하는
것을 추천한다. 1~2인용 소파를 사용한다면 $1.65m^2$(150×100cm, 0.5평), 3~4인용
소파를 사용한다면 $3.3m^2$(200×150cm, 1평), 널찍한 카우치형 소파를 사용한다면
취향에 따라 $4.95m^2$(230×170cm, 1.5평) 또는 $6.6m^2$(270×200cm, 2평)을 선택하면
된다.

다이닝 룸

여전히 좌식 문화에 익숙한 우리나라 사람들의 정서상 식탁 아래에 러그를 까는 것은 선호하는 스타일링이 아니다. 하지만 한 번쯤 도전해 보면 이국적인 분위기를 낼 수 있고 협소한 주방의 경우 조리 공간과 식사 공간을 분리할 때 용이한 아이템이다. 러그의 이상적인 사이즈는 의자를 뺐을 때도 의자가 러그 위에 있는 것이다. 4인용 식탁의 경우에 주방이 아담한 사이즈라면 $3.3m^2$ 러그를, 같은 크기지만 넉넉하게 깔아서 조금 더 넓어 보이는 효과를 원한다면 $4.95m^2$ 러그를 추천한다. 6인용 식탁 아래에는 $6.6m^2$ 러그가 알맞고, 원형 또는 사각 러그를 모두 사용할 수 있는 4인용 식탁과 달리 직사각 형태의 러그가 무난하게 어울린다.

Mentor's tip

호텔에서는 공간을 분리할 때 카펫이나 러그를 많이 활용하잖아요? 공간은 부족한데 주방과 다이닝 룸을 구분 짓고 싶다면 러그를 활용해 보세요.

침실

침실에 러그를 깔면 편안하고 아늑한 분위기를 연출할 수 있다. 다른 공간과 마찬가지로 침대 크기에 비례하는 러그를 선택하는 것이 기본이지만 러그 위치를 고려하는 것이 먼저이다. 예를 들어 침대 발치에 발매트처럼 사용할 러그를 고를지, 침대 한쪽 바닥에 놓을 러그를 고를지, 혹은 침대 아래에 깔 러그를 고를지를 먼저 선택해야 한다. 해외 인테리어 연출 사례를 보면 발치가 보이는 정면이든 사이드든 노출되는 침대 모서리 부분보다 러그가 더 길게 깔리도록 하는 것이 정석이나 국내에서는 침대 끝 선을 맞추는 경우도 많다. 러그를 맞춤 제작할 것이 아니라면 적당한 사이즈의 러그를 선택해 원하는 방향과 방법으로 스타일링 하면 된다.

침실에는 큰 사이즈의 러그를 한 개만 깔기보다 사이즈가 다른 러그 두 개를 겹쳐 깔면
색다른 분위기를 연출할 수 있어요. 면 러그를 먼저 깔고 그 위에 사이즈가 작은 퍼 러그나
니트 러그를 깔면 방에 온기와 스타일을 더할 수 있어요.

러그의 컬러

러그는 그 자체가 힘 있는 인테리어 아이템으로, 거실에 깔린 면적이 넓은 러그는
집 안의 첫인상을 좌우하기도 한다. 그런 만큼 러그로 스타일링을 할 때는 가구나 벽지,
커튼의 색깔을 모두 짓누르는 지나치게 강한 컬러보다는 회색, 베이지색, 갈색, 연한
하늘색 등의 부드럽고 따뜻하며 시각적 자극이 덜한 것부터 도전하는 것이 좋다. 반대로
가구 톤이나 벽지 톤이 모두 원목이거나 화이트로 통일된 경우에는 색감이 살아 있는
러그를 깔면 집 안에 생동감을 더할 수 있다.

Mentor's tip

커튼과 카펫을 그림이라고 생각해 보면 금방 답이 나와요. 먼저 바닥에 그림을 둘 것인지,
벽(창)에 그림을 둘 것인지 선택하세요. 전자라면 그래픽 등 패턴이 강한 러그를 선택하고,
대신 커튼은 톤 다운된 단색 컬러의 무난한 제품을 고르는 거죠. 반대로 바닥을 그레이나
베이지 컬러로 맞췄다면 커튼은 조금 더 과감한 패턴과 컬러를 선택해도 좋아요. 인테리어
고수가 아니라면 커튼과 러그 모두 힘주는 스타일링은, 저를 믿고 거르세요.

다이닝 룸 러그 사이즈 가이드

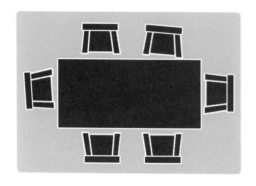
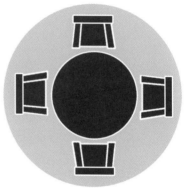

DO

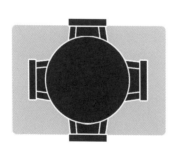
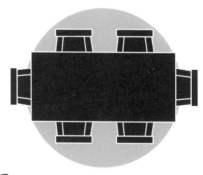

DON'T

침실 러그 스타일 가이드

Part 3

가구 선택과 스타일링

가구를 코스 요리에 비유하자면 '메인 디시'와 같다. 집 안의
중심축을 이루는 가구를 잘 고르고 배치해야 전체 인테리어의
완성도가 높아진다. 가구의 디자인에 따라서 전체 인테리어
스타일이 결정되는 경우가 많고 한번 선택하면 바꾸기가 쉽지
않으니 더욱 고심할 수밖에 없다. 인테리어 스타일을 자주 바꾸는
편이라면 부피가 큰 가구일수록 심플한 디자인과 무채색의 컬러를
선택하는 것이 좋다. 계절에 따라 혹은 트렌드에 맞춰 포인트가
되는 소품을 더했을 때 밑그림이 단조로울수록 드라마틱한 변신이
가능하기 때문이다.

거실 가구

집 안의 인상을 좌우하는 거실은 손님이 방문했을 때 부담 없이 오픈할 수 있는 공간이면서 가족 활동이 가장 활발하게 일어나는 곳이다. 그런 만큼 조금 더 공들여 스타일링을 할 필요가 있고, 가족의 라이프스타일을 고려해 레이아웃을 정하는 것이 중요하다. 한쪽 벽면에 대형 TV를 놓고 맞은편에 커다랗고 푹신한 소파를 놓는 '정석' 스타일만 포기한다면 거실 가구 스타일링에 대한 선택지가 많아진다.

소파 고르기

대담한 인테리어 스타일링을 시도하더라도 가급적 소파는 무난한 제품을 선택하는 것이 좋다. 대신 무늬가 화려하고 과감한 보조 쿠션으로 원하는 스타일을 완성하면 된다(쿠션 스타일링은 'Part 2 패브릭 아이템' 참조). 공간 인테리어를 자주 바꾸고자 한다면 모듈형 소파를 추천한다. 과거에는 비트라와 같은 해외 유명 가구에서만 만나볼 수 있었던 모듈형 소파가 최근 국내에서도 여러 브랜드의 다양한 디자인 제품이 출시되고 있다. 사용자가 원하는 부분을 구매한 뒤 마음대로 조립하고 변형할 수 있어 다양한 인테리어 효과를 기대할 수 있다. 소재의 선택 폭 역시 넓어졌다. 불과 몇 년 전만 하더라도 소파는 무조건 '가죽'을 선호했었는데, 요즘은 기능성이 뛰어난 원단이 나오고 있어 아이 있는 집에도 패브릭 소파를 추천하는 편이다.

Mentor's tip

기능성 원단 산업 분야가 발달하면서 패브릭 소파처럼 과거에 인테리어 전문가들 사이에서 금기시했던 품목이 점점 줄어드는 추세예요. 어떤 소재가 됐든 기능이 추가되면 천연 소재보다 촉감이 떨어질 수밖에 없지만 관리하기가 쉬워 반려동물이나 어린아이가 있는 집에서도 부담 없이 사용할 수 있어요. 기능성 원단 제품을 사용하다가 자신과 맞는 재질을 찾게 되면 리얼 가죽, 리얼 패브릭 이런 식으로 천연 소재의 제품으로 자연스럽게 넘어갈 거예요. 그러므로 처음부터 무리하게 천연 소재를 고집할 필요는 없답니다.

소파 테이블 사이즈 선택 가이드

일자형 소파
소파 길이의 1/2 또는 2/3 사이즈

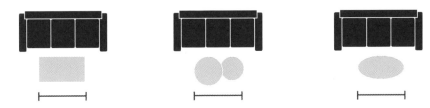

카우치형 소파
소파 수평 거리의 1/2 또는 2/3 사이즈

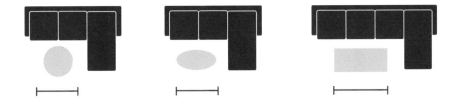

소파 테이블

소파의 형태에 따라서 소파 테이블의 선택이 달라질 수 있다. 어떤 스타일이든 상호 보완적일 때 전체적인 안정감이 형성된다. 예를 들어 소파 앞의 공간이 정사각형이라면 같은 정사각형 테이블보다는 원형이나 타원형, 직사각형 테이블을 두는 것이 운율감을 주므로 훨씬 편안해 보인다. 만약 이 상황에서 정사각형 테이블을 놓고 싶다면 원형 또는 반원형 형태의 사이드 테이블을 추가하면 된다. 혹은 카펫을 라운드형 또는 비대칭형으로 선택한다. 테이블의 높이는 소파보다 높거나 낮은 것을 선택하고, 소파 좌석과 같은 것은 피하는 것이 좋다. 테이블 2~3개를 레이어링하는 네스팅 테이블nest of tables은 스타일링의 범위가 넓어 활용도가 좋다. 거실에서 여러 개를 레이어링해서 사용하다가 나중에 따로 떼어 원하는 공간에 두어 사이드 테이블, 간이 테이블 등의 용도로 사용할 수 있다.

Mentor's tip

일반적으로 소파 테이블의 너비는 소파의 3분의 2 정도 되는 것을 추천하나 중후한 스타일을 연출하고 싶다면 서로의 너비를 비슷하게 맞추는 것이 좋아요. 다만 집이 넓을 경우에만 해당돼요. 좁은 집의 경우에는 공간이 매우 답답해 보일 수 있으니 피하는 게 좋고요. 네스팅 테이블을 선택할 때는 세트로 구매할 필요는 없으나 서로 포개질 수 있도록 높이가 다르게 연출하는 것이 중요해요. 조금 더 개성 있는 스타일을 원한다면 네스팅 테이블의 디자인을 여러 개 섞는 것도 방법이에요. 만약 높이가 같은 네스팅 테이블을 갖고 있다면 긴 트레이를 이용해 연결감을 주는 식으로 활용해 보세요.

소파와 소파 테이블 배치 팁

소파, 테이블, TV를 차례로 배치하는 I자형은 전형적인 거실 가구 배치 방식이다. 좁은 공간에 적용 가능한 효율적인 방식이긴 하나 양방향 대화가 힘든 구조이다. 이럴 땐 풋스툴을 옆에 두어 L자형을 만들거나 공간적인 여유가 있다면 조금 거리를 두고 라운지체어를 두는 것을 추천한다. 거실의 구조상 완벽한 대면형 배치는 힘들더라도 서로 대화가 가능한 배치 방식을 선택하는 것이 좋다. 공간의 여유가 있고, 소파

소파 테이블 스타일링

테이블 위의 정물은 삼각형 구도로 배치했을 때
안정감 있어 보인다.

꽃병, 향초, 디퓨저 등
테이블 위의 소품이
많을 경우에는
트레이나 바구니를
이용해 그루핑한다.

디자인이 직선이 아닌 곡선 형태라면 비정형 배치에 도전해 보자. 작품 같은 소파가 있다면 별다른 가구를 들이지 않고 거실의 한가운데 소파를 놓는 것만으로도 공간에 임팩트를 줄 수 있다. 여기에 아티스틱한 조명과 오브제, 사이드 테이블을 함께 배치하면 갤러리 같은 공간이 완성된다.

소파 테이블 스타일링

거실의 테이블 위는 깨끗하게 비어있는 것보다 적당하게 채워져 있는 것이 훨씬 더 스타일리시해 보인다. 테이블 위에 소품을 세팅할 때는 위에서 비스듬히 내려다보면 어떻게 보이는지를 기준으로 하는 게 좋다. 높낮이가 다른 세 개의 소품을 배치한다면 삼각형 구도가 가장 안정적이며 테이블의 중앙을 중심으로 화분, 캔들 또는 디퓨저, 포터블 조명을 기본 공식으로 삼고 계절과 취향에 따라 소라 껍데기, 트리 등을 가감하면 된다. 높이감이 필요할 때는 디자인이나 색감이 예쁜 박스나 책을 활용해 소품의 키를 높이고, 비슷한 성격의 소품을 여러 개 놓을 때는 트레이 또는 바구니를 이용해 그루핑하면 훨씬 더 정돈돼 보인다.

침실 가구

침실에 꼭 있어야 하는 가구인 침대의 상태에 따라서 침실의 분위기는 달라진다. 그리고
침실 분위기를 바꾸기 가장 쉬운 방법은 단연 침구일 것이다. 계절에 따라 침구의
색상을 변경하는 것만으로도 충분히 변신이 가능하다. 침대 프레임의 역할도 중요한데
프레임의 디자인, 색상, 소재에 따라 공간이 다르게 보일 수 있다. 항상 기억해야 할
것은 매트리스도 그렇지만 침대 프레임 역시 자주 바꾸기 어렵기 때문에 구매할 때
더욱 신중해야 한다는 것이다. 침실 인테리어를 자주 바꾸고 싶을수록 침대 프레임은
심플하고 베이식한 디자인을 선택하는 것이 좋다.

심플한 프레임과 헤드보드

침대 프레임은 헤드 디자인이 가장 중요하다. 프렌치 시크나 클래식 등 특정한 스타일을
정하지 않았다면 가장 심플한 디자인을 선택하는 것이 정답이다. 푹신한 헤드를
원한다면 가죽 소재를, 무난한 스타일이 좋다면 역시 우드 재질이다. 최근 인테리어
역할뿐만 아니라 수납, 전자기기 충전 등 기능을 추가한 헤드보드가 다양하게
출시되었다. 한편 침대 프레임의 높이는 생각보다 다양하다. 침대의 높이를 좌우하는
프레임의 높이 역시 그때그때 트렌드가 있긴 하나 사용자의 라이프스타일에 맞게
선택하는 것이 가장 좋다. 하지만 저상형 침대를 선호한다고 프레임을 생략하는 것은
피하자. 매트리스만 바닥에 놓는 경우에는 매트리스에 직접 먼지가 끼거나 곰팡이가
생기는 등 건강과 직결되는 문제가 발생할 수도 있기 때문이다.

매트리스만큼은 명품으로

매트리스는 침실 스타일링에 직접적인 영향을 주지는 않지만 침실을 구성함에 있어
중요한 요소이므로 한 번쯤 짚어보겠다. 인테리어 쇼핑에서 가장 많은 돈을 투자해야
할 아이템을 꼽으라면 나는 주저 없이 매트리스를 선택한다. 하루를 시작할 수 있는
원동력인 질 좋은 수면을 결정하는 절대적인 요소이기 때문이다. 매트리스 대표 소재인
스프링, 라텍스, 메모리 폼의 장단점을 파악하고 자신이 어떤 '착와감'을 선호하는지
아는 것이 먼저다. 매트리스 가장 윗부분에 메모리 폼을 배치한 경우에는 온몸을 감싸는
밀착감이 살아나며, 라텍스를 배치하면 탄탄하게 받쳐주는 탄력성이 있어 어떤 자세로
수면을 취해도 편안하다. 과거에는 스프링 매트리스가 인기를 끌었으나 이미 메모리
폼 매트리스로 넘어가는 추세다. 메모리 폼도 소재와 밀도, 경도 등이 매우 다양하므로

다양한 헤드보드의 너비 & 높이

헤드보드 너비

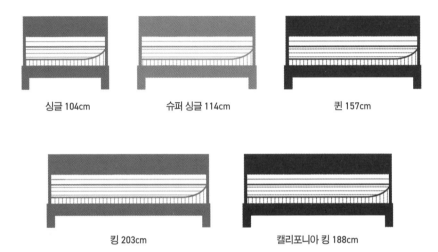

싱글 104cm

슈퍼 싱글 114cm

퀸 157cm

킹 203cm

캘리포니아 킹 188cm

헤드보드 높이

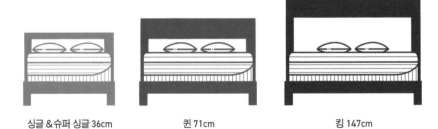

싱글 & 슈퍼 싱글 36cm

퀸 71cm

킹 147cm

다양한 헤드보드 스타일

패브릭

원목

수납형

메탈

직접 체험해 보고 판단하는 것이 좋다. 표면의 소재도 중요한데 수분 흡수와 배출을 원활하게 해주는 통기성 좋은 소재로 만든 매트리스를 골라야 한다. 또한 세균과 먼지 등 유해 물질이 덜 생기는 항균성을 강화한 제품인지도 체크해야 한다.

침구 선택과 스타일링

침실 혹은 침대 스타일링을 완성함에 있어서 침구의 중요성은 'Part 2 패브릭 아이템'에서 이미 언급한 바 있다. 침구의 소재, 디자인, 컬러의 변주를 통해 다양한 스타일을 연출할 수 있는데 선행되어야 할 것은 질 좋은 충전재를 선택하는 것이다. 충전재 자체에 힘이 있어야 스타일링하기에 좋고 어떤 커버도 소화할 수 있다. 이불 스펙에서 흔히 볼 수 있는 ' ○ ○ 수'는 같은 양의 면화로 얼마나 긴 실을 뽑아냈는지에 대한 수치다. 수치가 높을수록 실이 가늘어져 부드러운 직조가 가능한데 일반적으로 80수를 추천하며 최소 60수 이상을 선택하는 것이 좋다. 실키한 느낌이 좋다면 광택 있는 원단을, 매트한 느낌이 좋다면 무광택을 선택하면 된다. 매트리스 커버, 이불, 베개는 세트 구매 여부를 떠나 컬러와 디자인의 톤을 맞춰 통일감을 주는 것이 필요하다. 호텔 침실 스타일을 연출하고 싶다면 베개를 넉넉하게 구비할 것, 이불은 침대 사이즈보다 한 치수 큰 걸로 준비할 것, 이렇게 두 가지만 기억하면 된다.

Mentor's tip

한 명이 쓰든 두 명이 쓰든 침대 스타일링을 위해서는 5개의 베개는 필요해요. 실제로 베고 잘 베개 2개를 포함해 뒷베개인 샴sham, 원통형의 넥롤neckroll 베개를 기본으로 하고, 필요 시 쿠션을 더할 수 있어요. 컬러는 샴 베개와 일반 베개를 톤 온 톤으로 구성하고 넥롤 베개 또는 작은 쿠션에 컬러나 패턴으로 포인트를 줄 수 있어요. 호텔처럼 스타일리시하게 이불을 연출하고 싶은데 각 잡는 것이 힘들고 베드 스프레드나 블랭킷을 활용하는 것이 망설여질 때는 실제 침대 사이즈보다 한 사이즈 큰 이불을 선택하세요. 넉넉한 크기의 이불로 침대 전체를 덮어버리면 모든 걸 커버할 수 있으니까요. 침구를 매일 다릴 수는 없으니 분무기를 이용해 침구 위에 물을 뿌리면 원단이 마르면서 구김이 어느 정도는 펴지는 효과가 있어요.

소가구

취향이나 트렌드가 바뀔 때마다 부피가 큰 가구를 바꿀 수는 없기 때문에 침대 등의 큰 가구는 화이트, 베이지, 블랙처럼 무난한 기본 컬러를 선택하라고 조언한 바 있다. 이에 반해 1인용 체어나 사이드 테이블, 스툴 등의 소가구는 포인트로 활용하기 좋으므로 컬러와 디자인을 조금 더 과감하게 선택해도 된다. 소가구의 쓰임새가 캐주얼하다고 저렴한 제품을 고집하는 것은 좋은 방법이 아니다. 감각을 드러내는 가구이고 제대로 된 것을 장만하면 공간을 옮기며 용도를 달리해 평생 사용할 수 있기 때문이다.

사이드 테이블

한 가지 기능에 얽매이지 말고 디자인으로 포인트를 줄 수 있는, 집 안 어디에 놓아도 두루 어울리는 사이드 테이블을 고르는 것이 현명하다. 부피가 작을수록 활용도가 무궁무진하다. 높낮이가 다른 테이블 2~3개를 레이어링해 소파 테이블(커피 테이블)로 이용할 수 있고 따로 떼어 침실의 협탁 대신, 서재의 간이 티 테이블 등으로 활용할 수 있다. 디자인 또한 전형적인 스타일에서 벗어난 반원 모양, 세모 모양 등 다양하게 출시되고 있어 선택의 폭이 넓어졌다. 소파 팔걸이에 끼우거나 따로 떼어 쓸 수 있는 공간 절약형 미니 테이블도 인기다.

1인용 체어

다른 소가구가 그러하듯 1인용 체어도 좁은 집일수록 활용도가 좋다. 1인용 체어를 소파와 함께 매치하면 훨씬 입체감 있는 거실을 연출할 수 있다. 그래서 일체형 소파를 구입하기보다는 2~3인용 소파에 1인용 체어 하나를 추가로 구입하는 것을 권한다. 침대 옆에 두면 침실의 아늑함이 배가되고, 서재에 두면 자칫 딱딱해 보일 수 있는 서재 분위기를 한층 부드럽게 풀어주는 역할을 한다. 유행에 상관없이 거실, 침실, 서재, 주방 등 어떤 공간에서든 제 역할을 해내며 시간이 흐를수록 빈티지한 멋까지 즐길 수 있는 가구가 바로 1인용 체어다.

Mentor's tip

1인용 체어에 조금 더 포근한 느낌을 강조하고 싶다면 넉넉한 사이즈의 쿠션과 블랭킷을 더해 주세요. 그리고 그 옆에 키가 큰 플로어 스탠드를 하나 두면 포토 스폿으로 그만이죠.

다양한 디자인의 라운지 체어

형태에 따른 1인용 체어의 종류

우리가 흔히 말하는 암체어, 라운지 체어는 의자 형태에 따라 분류한 것이다. 그래서 한 개의 의자가 암체어인 동시에 라운지 체어도 될 수도 있다.

ARMCHAIR

암체어는 팔걸이가 있는 편안한 의자로 우리말로 안락의자라고 한다. 일반적으로 거실에서 소파 대신 사용하거나 소파와 함께 스타일링 하는 경우가 많다.

LOUNGE CHAIR

라운지 체어는 누울 수 있는 편안한 의자를 의미한다. 다리를 올릴 수 있는 오토만과 세트로 구성된 경우가 많으며 대표적인 제품으로는 찰스&레이 임스 부부의 임스 라운지 체어Eames Lounge Chair, 아르네 야콥센의 에그 체어Egg Chair가 있다.

DINING CHAIR

다이닝 체어는 말 그대로 식탁과 함께 사용하는 의자로 식탁 아래에 넣을 수 있는 높이의 의자를 포괄적으로 지칭한다.

ROCKING CHAIR

로킹 체어는 앉은 채로 앞뒤로 흔들 수 있게 만든 '흔들의자'를 의미한다. 독특한 형태 덕분에 인테리어 포인트 아이템으로 적합하다.

BEAN BAG CHAIR

부드러운 소재로 만들어 몸의 움직임에 따라 자유롭게 형태를 변형할 수 있는 빈백 체어는 소파에 가까운 모습을 하고 있다. 콩 같은 원형의 비즈Beads 알갱이를 내장재로 사용해 쿠션감이 좋고 복원력이 뛰어나다.

다양한 스타일의 1인용 체어

자신이 어떤 스타일의 가구를 선호하는지 알면 1인용 체어를 선택하는 것도 조금 더 쉬워진다. 홈 스타일링 능력을 상승시키는 체어 스타일을 정리했다.

INDUSTRIAL

인더스트리얼은 '산업의', '공업의'라는 뜻으로 철제, 금속 느낌의 '팩토리' 스타일의 의자를 말한다. 인더스트리얼 디자인의 체어는 상업 공간에서 보다 널리 사용되지만 가정에서도 포인트 아이템으로 활용하면 특별한 인상을 줄 수 있다.

ETHNIC

에스닉은 '민속적인'이라는 의미로 서양 스타일이 아닌 아프리카, 인도, 남미 등의 민예 가구를 포함한다. 독특한 외관이 특징이며 이국적인 느낌을 연출할 수 있다.

RUSTIC

러스틱은 '시골 특유의', '소박한'이라는 의미로 천연 소재를 사용해 핸드메이드로 제작되는 경우가 대부분이다. 주로 목재를 사용해 만들며 현대적인 해석을 포함한다.

VINTAGE

'포도를 수확하고 와인을 만든 해'를 의미하는 빈티지는 오래되어도 가치 있는 것, 혹은 오래되어도 새로운 것을 뜻한다. 마치 오래 사용한 듯한 의자는 사람들로 하여금 편안함을 준다.

BENTWOOD

벤트우드는 '가구를 만들려고 일부러 휘게 만든 목재'를 의미하며 벤트우드 체어는 증기를 이용해 곡선 형태로 구부러뜨린 목재로 만든 의자를 말한다. 가벼운 것이 특징이며 주로 20세기 초 가구에서 찾을 수 있다.

SCANDINAVIAN

스칸디나비안은 '스칸디나비아의', '스칸디나비아 사람의'라는 뜻이며, 일반적으로
스칸디나비아는 노르웨이, 덴마크, 스웨덴 등의 북유럽 국가를 말한다. 북유럽 가구는
주로 물푸레나무, 단풍나무, 너도밤나무 등 밝은 색상의 목재와 합판으로 만들며
디자인이 간결하고 가벼우며 통풍이 잘되는 것이 특징이다.

시대별 1인용 체어

빈티지 가구의 매력은 시대별 소재와 형태 등 유행하는 디자인을 읽을 수 있다는
점이다. 각 디자인과 디자이너를 매칭하기는 어렵더라도 시대별 디자인의 특징을 알고
있으면 빈티지 체어를 이해하는 데 도움이 된다.

TRADITIONAL

19세기 또는 그 이전의 가구 스타일을 말한다. 19세기는 산업혁명의 영향을 받아
기술과 제조업이 발전했고, 초기에는 실용적이고 클래식한 스타일이 큰 인기를 끌었다.
화려한 장식과 고급스러운 질감의 패브릭을 사용한 것이 특징이다.

EARLY 20TH CENTURY

디자인사에서 가장 역동적인 시기 중 하나인 1920년대는 네덜란드와 독일, 프랑스에서
시작된 모더니즘 열풍이 북유럽 국가의 디자이너들에게도 불어닥쳤다. 모더니즘은
장식을 거부한 기능주의와 효율적인 생산을 목표로 디자인은 네모반듯하고 기하학적인
것이 특징이다.

MID-CENTURY STYLE

1940년부터 1970년대 가구 스타일을 의미하며 이전 스타일과 마찬가지로
디자인사에서 가장 역동적인 시기로 기능성에 실용성을 더한 간결한 디자인이
특징이다. 이 시대를 대표하는 디자이너로는 찰스 & 레이 임스 부부, 한스 베그너, 핀 율,
아르네 야콥센, 폴 헤닝센 등이 있다.

LATE 20TH CENTURY

1970년부터 1990년대 가구 스타일을 의미하며 이전 스타일에 더욱 현대적인 해석이
더해졌다. 필립 스탁, 론 아라드, 재스퍼 모리슨 등이 20세기 후반에 등장한 대표
디자이너들이다.

TIMELESS

유행을 타지 않는 디자인으로 장식이 없고 스타일이 단순하고 간결한 것이 특징이다.
세월이 흘러도 변함없는 아름다움을 선사하는 세븐 체어, 에그 체어, 팬톤 체어 등은
누구나 갖고 싶어 하는 타임리스 아이템이다.

스타일별 1인용 체어

INDUSTRIAL

ETHNIC

RUSTIC

VINTAGE

BENTWOOD

SCANDINAVIAN

시대별 1인용 체어

TRADITIONAL

EARLY 20TH CENTURY

MID-CENTURY STYLE

LATE 20TH CENTURY

TIMELESS

스툴

본래 용도는 의자이지만 스툴의 쓰임새는 무궁무진하다. 서랍장 앞에 놓으면 간이
작업대 세트가 되고, 복도 끝 빈 공간에 놓으면 장식대처럼 활용할 수 있다. 침대
앞 사이드 테이블, 소파 앞 티 테이블뿐 아니라 화분이나 조명 받침대로도 응용이
가능하다. 조금은 튀는 컬러와 소재로 구매해야 포인트 역할을 톡톡히 해낼 수 있으며,
다리 모양이 심플하게 정돈된 것이 휘뚜루마뚜루 쓰기 좋다.

Mentor's tip

스툴 하면 흔히 원형 상판만 떠올리는데 사각형 디자인의 스툴이 쓰임새가 많아요.
정사각형뿐만 아니라 가로가 긴 직사각형 스툴도 다양한 소재로 출시되고 있으니 취향과
용도에 맞게 선택해 보세요.

다양한 디자인의 스툴

새들

인더스트리얼

미드 센추리

레트로

드래프팅

패브릭

책장 스타일링

과거의 책장은 단어 뜻 그대로 책을 넣어두는 가구만을 의미했다면, 최근에는 장식장으로
그 활용 범위가 넓어졌다. 인테리어 스타일링 관점에서 보면 책장을 책으로만 가득
채우려는 사람은 드물기 때문이다. 또한 서재라는 국한된 공간에서 사용되었던 이전과
달리 한때 유행했던 서재형 거실을 계기로 이제 책장은 어디든 놓일 수 있는 가구가
되었다. 어느 공간에 놓든 큰 키 때문에 눈에 잘 띌 수밖에 없다. 그런 만큼 스타일링이
중요한 가구이기도 하다.

책 먼저, 일관된 방식으로 정리하기

책장에 정리할 아이템 중에서 책이 가장 많다면 책부터 스타일링한 후 빈 곳을 소품으로
채우는 방법이 쉽다. 책은 크기 순서로 정리하는 것이 가장 보기 좋다. 한 칸에 책을
빼곡하게 채우면 꺼내고 넣는 것이 어려워 실용적이지 않을 뿐만 아니라 보기에도
답답하다. 어느 정도 간격을 두고 크기 순서대로 정리한다. 커버 컬러별로 그루핑하고
싶다면 무채색은 무채색끼리, 붉은 계열 또는 푸른 계열 이런 식으로 구분 짓는 것이
좋다.

때론 불규칙하게

사람도 약간 빈틈이 있어야 다가가기 쉬운 것처럼 책장 모든 칸의 책들이 하나같이
규칙적으로 정렬되어 있다면 꺼내 보기 부담스럽고 답답해 보일 수 있다. 중간중간 긴
호흡을 끊어주는 요소가 필요한데, 대표적인 방법이 책의 정면 배치이다. 디자인 서적 등
표지가 멋진 것으로 골라 아트 포스터처럼 연출한다. 혹은 중간중간 세로가 아닌 가로로

책을 쌓으면 시각적으로도 편안해 보이고 북엔드 효과도 겸할 수 있다.

소품 배치

책장 중간중간에 소품을 놓으면 크기와 두께가 비슷한 책들 사이에서 둘쑥날쑥 리듬감을 선사한다. 기본적으로 추천하는 소품으로는 포터블 조명, 식물, 목각 인형 등이다. 배치 방식은 삼각형 구도가 안정적이다. 물체가 삼각형을 이루도록 하는 구도로 심리적인 안정감을 주기 때문에 소품 배치뿐만 아니라 그림, 사진에서도 많이 사용하는 방법이다.

Mentor's tip

카이 보예센의 원숭이 목각 인형과 루시카스의 목각 인형은 거의 모든 인테리어 스타일링 촬영 때마다 활용하는 아이템이에요. 책장뿐만 아니라 2% 허전한 공간 어디라도 어울리는 아이템이지요.

책을 중심으로 한 책장 스타일링

북엔드를 사용하는 대신
가로로 책 놓기

책을 가로,
세로로 번갈아 가며 쌓기

책의 높이가
낮은 경우
뒤쪽에 작품
또는
사진 액자 놓기

장식품으로
포인트 주기(많이
놓는 것보다
임팩트 있는
것으로 몇 개만
놓는 것을 추천)

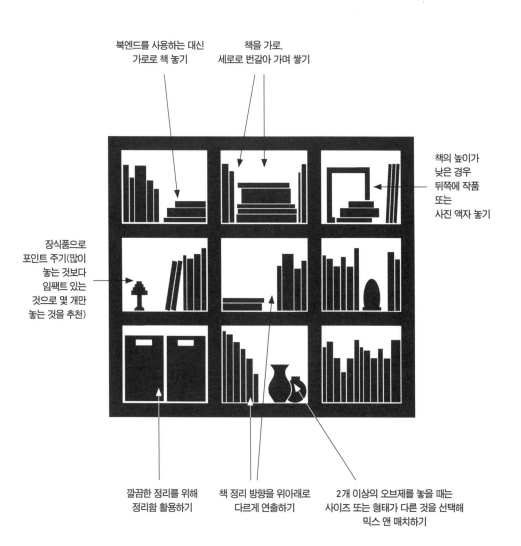

깔끔한 정리를 위해
정리함 활용하기

책 정리 방향을 위아래로
다르게 연출하기

2개 이상의 오브제를 놓을 때는
사이즈 또는 형태가 다른 것을 선택해
믹스 앤 매치하기

삼각형 배치

책이 꽉 찬 책장에 높이가 비슷한 3개의 소품을 삼각형 형태로 배치함으로써 안정감을 준다.

Part 4

소품 배치 & 벽 장식

소파와 침대, 식탁, 책상, 서랍장 등 덩치가 큰 가구들이 모두 제자리를 찾았다면 이제는 전체적인 스타일링을 완성할 수 있도록 적재적소에 소품을 배치할 차례다. 각종 오브제, 화분, 시계, 거울, 그림 등은 부피는 작지만 집 안의 스타일링을 결정하는 중요한 요소이므로 허투루 생각하지 않아야 한다. 덩치 큰 가구에 비해 가격이 저렴한 소품류는 비교적 부담 없이 집 안 분위기를 바꿀 수 있는 효과적인 장치이면서 집주인의 취향을 드러내는 좋은 수단이 되기도 한다. 이번 파트에서는 갖고 있는 소품을 200% 활용할 수 있는 소품 배치 방법에 대해 알아보고 나아가 소품과 작품을 활용한 벽 장식에 대해 공부해 보자.

소품 배치

희소성 있고 스타일리시한 '좋은' 소품을 구비하는 것도 중요하지만 보관용이 아니라면 어디에 어떻게 놓을지가 훨씬 더 중요하다. 물건을 그냥 모아두는 것은 이사 가기 전 혹은 이사 오기 직전의 모습 그 이상 그 이하도 아니기 때문이다. 소품 각각을 놓고 보면 충분히 예쁜데 한데 모았을 때 오히려 그 매력이 떨어진다면 배치에 문제가 있을 가능성이 크다. 소품 배치를 영어로 스틸 라이프still life라고 하는데 번역하면 정물(화), 정물화 기법 정도 된다. 스스로 움직이지 못하는 물건이라는 뜻도 있으나 물건 배치를 통해서 한 폭의 그림처럼 표현할 수 있기에 생긴 용어가 아닌가 싶다.

소품 모으기

내가 갖고 있는 것이 무엇인지 아는 것이 먼저다. 소품의 양이 너무 많다면 형태, 소재, 색상 등 공통점을 찾아 분류하는 것을 추천한다. 크기와 높낮이가 다양할수록, 물성이 다채로울수록 더욱 풍성한 스틸 라이프를 완성할 수 있다. 소품을 추가로 구입할 계획이라면 새 물건은 현재 갖고 있는 것과 한 가지 이상의 공통점이 있는 것을 선택하는 것이 좋다.

Mentor's tip

웰메이드 물건이 주는 힘은 무시할 수 없어요. 고가의 제품으로만 컬렉션을 완성할 필요는 없지만 한두 개 정도는 좋은 제품으로 소장하는 것을 추천해요. 저렴한 제품 서너 개에 디자이너의 작품이 하나 끼어 있으면 상승효과를 내어 전체 컬렉션을 훌륭해 보이게 하는 경우가 많거든요.

소품 그룹화

부피가 작은 소품을 여러 개 배치해 덩어리감 있게 연출하면 메인 가구만큼의 위력을 갖게 된다. 물건을 각각 흩어 배치하는 것이 아니라 한 묶음처럼 배치하는 것을 소품 그룹화라고 한다. 물건을 그루핑할 때는 먼저 공통점을 찾는 것이 좋다. 제품군, 소재,

색 등 공통분모가 있는 소품을 여러 개 나열하면 연속성이 생겨 통일감과 예술적인 느낌을 줄 수 있다. 크기가 작은 물건은 트레이를 이용해 한데 모아주면 더욱 정돈된 느낌을 낼 수 있다. 한쪽 벽면을 가득 채울 정도로 큰 사이즈의 책장이 아니라면 소품 그룹화만으로도 충분히 아름다운 배치를 완성할 수 있다.

Mentor's tip

'Part 2 패브릭 아이템'에서도 설명했듯이 여러 개의 요소가 만나 하나의 스타일링을 완성할 때는 공통분모가 있어야 해요. 캔들 4~5개를 그룹화한다고 가정하면 이 중 4개는 무채색 계열로 통일하되 높낮이 또는 형태를 달리 구성해요. 그리고 나머지 1개는 빨강 같은 강렬한 비비드 컬러 제품을 선택하면 전체 컬렉션이 통일되면서도 포인트가 되는 거죠. 트레이를 이용해 한데 모아주면 더욱 정돈된 느낌을 줄 수 있고요.

소품 배치하기

소품 배치의 시작은 기준점을 잡는 것이다. 그 기준점을 중심으로 사선으로 갈 것인지, 사선 방향은 어떻게 할 것인지를 결정한다. 가급적 일자 배열은 피하는 것이 좋다. 만약 일자 배열을 하고 싶다면 물건을 지그재그로 배열해야 단조로움을 덜 수 있다. 배치의 기본 공식은 균형을 맞추는 것이다. 키가 큰 소품들만 모아 놓으면 시각적으로 불안하다는 느낌을 받을 수 있는데 중간중간에 키가 낮은 소품을 놓아 균형을 맞춘다면 안정감뿐만 아니라 생동감, 리듬감을 얻을 수 있다. 이러한 대비를 고려해서 높은 것과 낮은 것, 무광인 것과 유광인 것, 원형과 사각형 등을 혼합해 배치하는 것을 추천한다. 이때 무리들끼리 약간씩 겹치도록 하면 더 나은 통일감을 줄 수도 있다. 다만 전제 조건은 함께 나열하는 소품에는 공통점이 있어야 한다는 것이다. 공통점이 있는 물건을 여러 개 나열하면 연속성이 생겨 통일감과 예술적인 느낌을 줄 수 있기 때문이다. 배치의 균형을 잡기 어려울 때 가장 쉽게 해볼 수 있는 것은 중앙에 가장 높은 물건을 놓고 좌우에 비슷한 높이의 물건을 두는 것이다. 일반적으로 무게 중심은 아래에서 위로 흘러간다는 것을 기억해 두면 도움이 된다. 묵직한 느낌의 물건은 아래쪽에,

장식장(전면 책장) 소품 배치하기

상대적으로 가벼운 느낌의 소품은 위쪽에 배치해야 안정감이 느껴진다. 예외도 있는데 화기는 소재와 컬러가 중후한 느낌이더라도 식물이 주는 싱그러운 이미지가 있기 때문에 위쪽에 배치해도 어색하지 않다. 색을 이용한 정물에 도전한다면 비슷한 색으로 통일하기보다는 작은 소품일수록 비비드한 컬러를 선택해 강렬한 인상을 남기는 것이다. 부피가 작아 부담스럽지 않으면서 시각적으로 매우 강한 인상을 줄 수 있다. 낮은 물건 뒤에는 높은 물건을 두어 깊이가 느껴지게 하는 것도 좋다. 그리고 무엇보다 중요한 것은 꽉꽉 채우기보다는 여백을 두어야 한다는 것이다.

Mentor's tip

규모가 큰 카페에 가면 전면 책장을 연출한 곳이 종종 있는데 어떤 방식으로 소품 배치를 했는지 눈여겨보면 스타일링할 때 많은 도움이 돼요. 책을 소품처럼 활용한다면 가로로 쌓는 것도 좋은 방법이에요. 당연히 무게 중심은 아래쪽에 두어야 하고요. 화기, 향초, 디퓨저 등 갖고 있는 소품의 높이가 낮다면 아래에 책을 한두 권 쌓은 다음 그 위에 올리면 돼요.

장소에 따른 소품 배치 팁

정물을 연출하기 좋은 장소는 어디일까? 결론부터 말하면 어디든 될 수 있다. 거실에 공간적인 여유가 있다면 볼륨감 있는 화분을 바닥에 적절히 배치해 연출할 수 있고, 테이블 위라면 크고 작은 화기와 캔들을 놓아 하나의 센터피스처럼 연출할 수도 있다. 주방에서는 각종 소스를 모으는 것만으로도, 작업실에서는 디자인 사무용품을 신경 써서 배치하는 것만으로도 인테리어 효과를 줄 수 있다. 홈 스타일링 초보자를 위한 장소별 정물 배치 가이드를 소개한다.

현관

출입문과 마주하는 서랍장 위, 모던한 주얼리 트레이에 차 키 등의 소지품을 보관하는 것에서부터 시작한다. 트레이 사이즈가 넉넉하다면 오브제나 디퓨저를 함께 놓는 것만으로도 스타일링이 될 수 있다. 서랍장 옆에는 키가 큰 화분을 두면 집 안의 이미지가 싱그러워진다.

현관 앞 서랍장 소품 배치하기

거실

책장, 소파 테이블, AV장 등 거실의 모든 가구가 정물의 장소가 될 수 있다. 정물로 적합한 한 가지 아이템을 고르라면 조명을 추천한다. 조명 기구의 전원을 끄면 컬러 포인트가 되고 전원을 켜면 공간의 톤 보정 역할을 한다. 배터리를 넣는 포터블 조명을 이용하면 공간의 제약을 받지 않고 다채로운 연출이 가능하고 협탁이나 스툴, 장식용 책을 활용해 조명의 높낮이를 조절할 수 있다. 거실에 볼륨감 있는 화분을 둘 때도 식물 자체의 높이를 조절하는 것이 어렵다면 보조 가구 또는 책을 가로로 쌓아 스타일링하는 것이 좋다.

주방

오픈형 선반이 있는 구조라면 자랑하고 싶은 그릇과 컵, 티포트 등을 배열하면 인테리어 효과를 얻을 수 있다. 여러 제품군을 한꺼번에 놓을 때는 재질이나 컬러 등 공통점을 찾아 그룹화해야 조화롭게 보인다. 선반을 빼곡하게 채우기보다는 여백을 많이 주는 것이 훨씬 보기에 좋다. 그리고 선반 위나 싱크대 위쪽, 또는 싱크볼 옆에 작은 화분을 두는 것을 추천한다. 그린 컬러의 허브 화분은 차분한 느낌을 주고 비비드 컬러의 플라워 화분은 포인트가 된다.

침실

침대 옆 협탁 위에 화분과 디퓨저를 함께 연출하는 것을 추천한다. 혹은 작은 화분을 아트워크와 함께 두면 세련된 분위기를 연출할 수 있다.

Mentor's tip

어디에 무엇을 어떻게 놓아야 할지 여전히 모르겠다면 소품 배치에도 리듬이 필요하다는 것만 기억하세요. 비슷한 아이템을 일렬로 배치하는 것은 재미없잖아요? 이럴 땐 높낮이를 다르게 구성하고 군데군데 사물을 겹치는 것도 필요해요. 그것들 중의 하나만 컬러가 튄다거나, 무리에서 벗어난 느낌이라거나 등의 비정형적인 시도도 해볼 만하죠. 성공적인 정물 스타일링을 위해 필요한 아이템을 고르라면 어떤 공간에 두어도 어색하지 않은 식물, 디퓨저, 캔들을 추천해요. 여기서 캔들은 그저 소품일 뿐 불 붙이는 용도는 아니라는 것 잊지 마세요.

벽 장식

아무리 가구 세팅이 완벽한 집이라도 벽이 텅 비어 있으면 뭔가 허전한 느낌이 든다.
집 안에 놓인 가구와 소품을 더 빛나게 하고 간단한 작업만으로 적절한 계절감과 특별한
인상을 만들 수 있는 것이 바로 벽 장식이다. 그중 액자는 손쉽게 집 안의 분위기를 바꿀
수 있는 유용한 인테리어 소품으로 어떤 작품을 선택하느냐에 따라 집주인의 취향을
드러내는 매개체가 되기도 한다. 액자 외에도 벽을 스타일리시하게 장식할 수 있는
재료에는 거울과 시계, 선반 등이 있다.

액자 걸기

벽에 액자를 걸어 갤러리 느낌을 내는 것은 가장 쉽게 접근할 수 있는 벽 장식 방법이다.
사이즈가 큰 그림은 시선을 끌고 분위기를 만드는 데 효과적이며, 작은 액자를 여러 개
걸고 싶다면 프레임의 소재 또는 액자의 톤 앤 매너를 통일해야 정돈된 느낌을 줄 수
있다. 상황에 따라서는 프레임만으로도 감각적인 벽 장식이 가능하다.

작품 고르기

인테리어를 목적으로 그림을 고를 때는 모던한 팝 아트 프린트나 일러스트 작품 사진
등에서 시작할 것을 추천한다. 예술품에 대한 취향이 있는 사람이라도 처음부터 값비싼
그림에 투자하는 것은 무리이므로 저렴한 품목에서부터 시작해 감각을 키워가는
것이 좋다. 예술 작품에 대한 취미와 감각이 있다면 포스터나 판화 말고 진짜 그림을
선택하게 되는데 최근에는 신진 작가의 작품을 합리적인 가격으로 판매하는 곳이
많아졌고, 아트 페어에 가서 직접 그림을 구매하는 방법도 있다.

액자틀 고르기

판화나 포스터는 액자틀의 소재와 두께에 따라 어느 정도의 차이를 만들어내지만
원화라면 캔버스 패널로 충분하다. 액자틀을 고를 때는 액자를 설치할 장소의 마감재와
주요 가구의 소재 및 컬러를 고려해야 하고, 작품 자체를 더 돋보이게 하고 싶다면
프레임이 따로 없는 압축 아크릴을 추천한다.

액자 배치하기

3개 이상의 액자를 한 벽면에 걸 계획이라면 어느 정도의 공식은 존재한다. 액자 개수에 따라 달라질 수는 있으나 기본적으로 서로 다른 두세 가지 치수를 사용하는 것이 좋다. 예를 들어 액자가 3개라면 가운데는 큰 액자를, 이를 기준으로 양옆에는 동일 사이즈의 작은 액자를 각각 거는 것을 말한다. 액자가 5개라면 역시 가운데에 가장 큰 사이즈의 액자를 걸고 양옆으로 2개씩 다른 사이즈의 액자를 대칭되도록 배치하는 식이다. 공식은 공식일 뿐 자신만의 스타일로 다이내믹한 조합을 만들 수 있다. 모든 액자를 같은 방향으로 걸지 않아도 되고, 같은 모양의 액자틀을 눕히고 세워서 변형도 가능하다. 한 가지 기억해야 할 것은 외국 잡지에서 종종 볼 수 있는 크고 작은 액자를 한 벽면에 가득 채우는 것은 피하는 것이 좋다. 우리나라 주택의 특성상 유럽의 주거 환경과 달리 층고가 낮고 공간이 좁기 때문에 굉장히 답답해 보일 수 있기 때문이다.

Mentor's tip

아트 프린트 전문 브랜드인 그림닷컴(www.gurim.com)에서는 작품은 물론이고 다양한 형태의 액자까지 한 번에 선택, 구매할 수 있어요. 아트앤에디션(www.artnedition.com)은 원작의 질감을 그대로 살린 판화 개념의 고급 브랜드로, 작가의 사인까지 들어간 조금 더 가치 있는 작품을 만날 수 있고요. 아트앤에디션의 작품들은 대중적인 가격대는 아니지만 톱클래스 화가의 작품도 한정 판화로 판매하는 등 일반적인 그림 대여나 프린팅 서비스와는 차별화되어 있어 디자이너의 의자를 사는 것처럼 가치 있는 작품 하나를 골라보는 의미가 있어요. 이 밖에도 프린트베이커리(www.printbakery.com)에서 벽 장식에 효과적인 다양한 그림을 만날 수 있어요. 구매가 망설여진다면 오픈갤러리(www.opengallery.co.kr) 등의 그림 구독 플랫폼을 활용해 자신의 그림 취향을 찾아보는 것도 좋아요. 다만 큐레이터의 추천에 의지하지 말고 자기가 직접 고르는 연습을 해야 해요. 그림닷컴에서 저렴한 그림 쇼핑으로 시작해서 오픈 갤러리에서 서비스를 받으며 취향을 다지다가 기회가 있을 때 작품을 하나씩 사는 것을 추천해요.

액자 거는 방법

중심선 맞추기

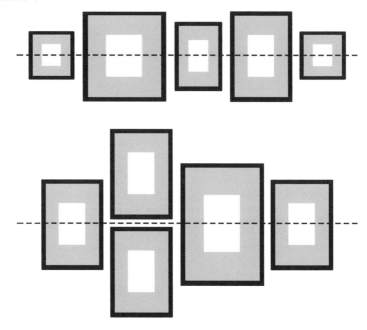

아래 또는 위 맞추기

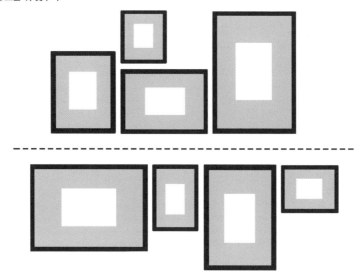

액자 크기 맞추기

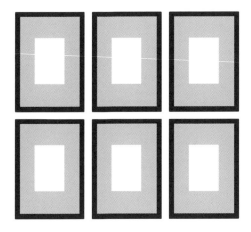

기준점 잡기

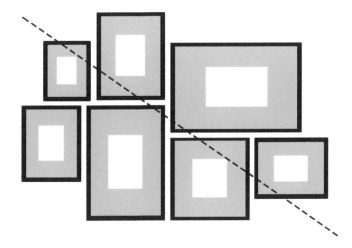

모서리 활용

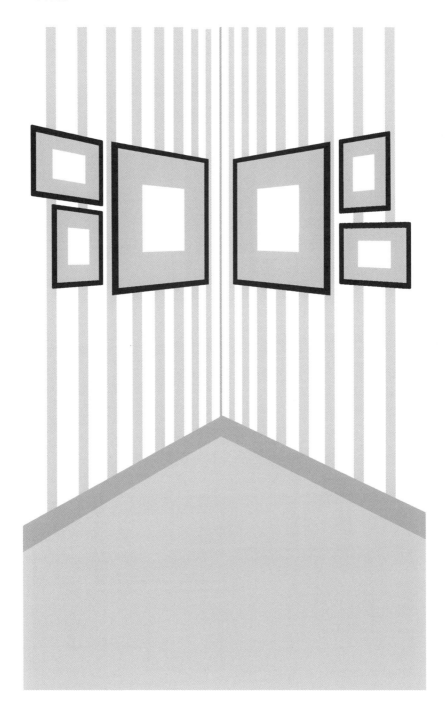

거울 & 벽시계

거울과 벽시계는 우리 모습을 비춰주고 시간을 알려주는 기능적인 역할도 하지만 활용
방식에 따라서는 충분히 스타일리시하고 색다른 벽 장식의 재료가 될 수 있다. 채광이 약한
곳에 큰 사이즈의 거울을 놓으면 더 많은 빛을 안으로 들여놓아 공간을 밝히는 효과가 있다.
잘 고른 디자인 시계는 집 안에 조형물을 들인 듯 특별한 분위기를 연출해 준다.

거울

거울은 화장대 위에 놓는 것이 가장 고전적인 배치이지만 고정 관념을 버리면 더욱
멋스러운 소품으로 활용 가능하다. 소파 뒤 공간에 화려한 프레임의 거울을 걸거나
침대 헤드 위에 시계나 그림 대신 걸어도 좋다. 단조로운 벽면에 과감한 프레임의
전신 거울을 세우면 장식 오브제가 된다. 흔한 직사각형 거울이라면 가로로 길게 걸어
색다르게 연출해도 좋다. 소파 뒤 벽면, 식탁 벽면 등에 걸면 가로로 넓은 가구와 잘
어울린다. 장식용 거울은 '벽에 거는 또 다른 액자'라는 생각을 가지고 고르는 것도
좋은 방법이다. 이때 거울은 인테리어의 포인트가 되어야 하므로 지나치게 무난한
디자인보다는 앤티크한 디테일이나 베네치안 스타일, 가죽 소재 등 프레임에서 개성이
듬뿍 느껴지는 것을 추천한다. 프레임 컬러도 가구와 매치하기보다는 전혀 다른 재질과
컬러를 선택해야 감각적으로 보인다. 스타일이 전혀 다른 것들끼리 믹스 앤 매치하면
새로운 분위기를 연출할 수 있다. 거울을 장식 오브제로 선택할 때 중요한 점은 거울의
분위기를 연장할 수 있는 작은 소품을 함께 매치하라는 것이다. 촛대나 액자, 화병 같은
작은 소품과 거울의 느낌을 통일하면 훨씬 안정적인 꾸밈이 가능하다.

Mentor's tip

셀럽들의 거울 셀카가 이슈가 되면서 독특한 디자인의 거울이 큰 인기를 끌고 있어요. 거울
프레임의 종류가 갈수록 다양해지고 커팅 기술의 발전으로 사각형과 원형에서 벗어난 여러
가지 형태의 거울을 어디서든 만날 수 있지요. 셀레티 토일레페퍼 제품처럼 과감한 디자인의
거울을 선택하면 집 안에 키치한 팝 아트 작품을 들인 듯 이색적인 분위기 연출이 가능해요.

다채로운 거울 프레임을 활용한 벽 장식

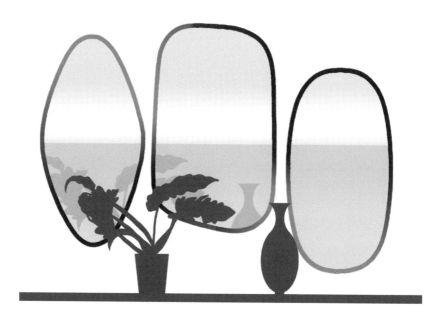

다양한 거울 사이즈를 활용한 벽 장식

벽시계

벽에 거는 거울만큼이나 예술성이 강한 디자이너의 시계는 그림 한 점을 거는 효과를
낸다. 수십만 원을 호가하는 시계를 선뜻 구매하기란 부담스럽지만 이렇게 고민해서
구입했다면 벽에 걸 때는 더 공을 들여야 한다. 구석진 자리에 높이 거는 것이 아니라
마치 그림 작품을 걸듯 벽 중간 상단에 여백을 두고 걸면 공간 분위기를 확실히 잡아준다.

Mentor's tip

인테리어의 방점이라고 표현할 정도로 벽시계는 홈 스타일링에서 유의미한 소품이에요.
그림을 고르듯 집주인의 취향에 맞게 선택하면 돼요. 많은 사람들이 선호하는 디자인
제품으로는 비트라 조지 넬슨, 칼슨, 아르네 야콥센, 노먼 등이 있어요.

벽 선반

수납과 인테리어 포인트 두 가지를 충분히 소화할 수 있는 벽 선반은 비교적 간단한
목공을 통해 원하는 공간에 맞는 디자인 작업이 가능하다는 장점이 있다. 돌출 형태의
선반보다는 점차 심플한 디자인을 선호하는 추세로, 과거에는 본연의 멋을 살리는 원목
소재의 선반이 대부분이었다면 최근에는 공간과의 조화를 고려해 필름 작업을 통해
다양한 컬러감을 연출할 수 있게 되었다. 또한 거실과 서재의 벽면 인테리어에서 벗어나
화장대를 선반으로 표현하는 경우도 있다. 각 선반에 어울리는 소품 배치는 앞서 소개한
정물 배치 가이드를 참고하면 스타일리시하게 연출할 수 있을 것이다.

Mentor's tip

선반을 활용한 벽 장식에 대한 확신이 부족하다면 모듈형 선반을 선택해 점차 늘려가는 것을
추천해요. 수납이 아닌 장식이 목적이라면 선반을 벽의 중앙에 설치해 조형미를 주는 것도
좋아요.

벽 선반은 수납과 인테리어적인 효과를 동시에 기대할 수 있으나 수납 자체에 너무 욕심을 부려서는 안 된다.

Part 5

식물 인테리어

갑갑한 도심 생활 속에서 우연찮게 만난 초록을 통해 뜻밖의 에너지를 얻은 기억이 한 번쯤은 있을 것이다. 인간의 자연 회귀 본능 때문인지 식물은 존재 그 자체만으로 힐링이 된다. 최근 코로나19 여파로 집에서 보내는 시간이 많아지면서 마음의 안정과 교감을 위해 식물을 들이는 사람들이 폭발적으로 증가한 것 역시 이를 방증한다. 이러한 식물에 대한 관심은 식물(plant)과 더불어 공간을 연출하는 인테리어interior의 합성어인 '플랜테리어planterior'와, 인생을 함께하는 동반 식물을 뜻하는 '반려식물'이라는 신조어를 탄생시켰다. 식물은 인테리어적으로도 훌륭한 소재인데, 식물이 든 화분 또는 화병을 하나 놓음으로써 공간에 대한 흥미를 유발하고 질감과 색감을 더하는 효과가 있다.

식물의 종류

과거에는 생명력이 강한 식물이 큰 인기를 얻었지만 요즘은 형태가 단조로우면서도
잎이 크고 시원하게 뻗은 식물이 대세다. 과거에 비해 수입되는 식물의 종류가
다양해지고 온·오프라인 마켓을 통해 구하기도 쉬워졌다. 다만 외국 수종이 대부분인
만큼 이름이 길고 낯설기 때문에 일단 알아야 구매가 가능하다. 홈 스타일링에 활용하기
좋은 대표적인 식물 몇 가지를 소개한다.

공기 정화 식물

가정에서 키우는 관엽 식물 대부분이 공기 정화 식물이라고 생각하면 된다. 식물의
잎이 미세 물질을 잡아들이고, 많은 양의 수분을 내뿜음으로써 공기를 정화하는 원리다.
기억해야 할 것은 서너 개의 식물 화분으로 공기 청정기의 역할을 대신할 수 없다는
것이다.

몬스테라

플랜테리어 열풍의 주역. 어린 이파리가 자라면서 구멍과 갈퀴가 생기는데 어느 공간에
두어도 잘 어우러지는 데다 물만 줘도 쑥쑥 자라 초보 가드너에게 추천한다. 몬스테라는
공기뿌리를 이용해 다른 식물에 매달려 지탱하는 착생 식물이기 때문에 옆으로 퍼지지
않고 위로 자라게 하고 싶다면 지지대를 세우는 것이 좋다.

Mentor's tip

> 몬스테라는 지지대 유무에 따라 두 가지 방식으로 키울 수 있어서 공간에 맞게 연출이
> 가능해요. 가지가 많을수록 무거워서 바닥으로 쓰러지기 때문에 생장점을 살려서
> 가지치기를 해 원하는 형태로 만들어주어야 합니다. 잘라낸 가지는 화분에 옮겨 심거나
> 화병에 담아 수경 재배도 가능해요.

아레카야자

아레카야자는 실내 환경에서도 자생력이 강하면서 공기 중으로 많은 양의 수분을
방출하는 특징 때문에 미국항공우주국(NASA)에서 선정한 '공기 정화 식물 베스트
5'에서 당당히 1위를 차지한 식물이다. 또한 자라면서 이파리가 새의 깃털처럼 길고
넓게 퍼져 이국적인 분위기를 자아내어 인테리어 식물로도 큰 인기다.

Mentor's tip

다 자란 아레카야자는 2m 정도의 큰 키를 자랑하는데요. 사이즈에 따라 가격 차이가 커요.
1년에 최대 25cm 정도 자라는 식물이기 때문에 작은 사이즈의 식물을 들여 키우는 것을
추천해요.

황칠나무

약용 효과가 있는 황칠나무는 줄기가 우아한 곡선 형태로 뻗어 나가는 특징 때문에
플랜테리어 식물로 각광받는 국내 수종 중 하나다. 수형이 가늘고 길어 여백의 미를
강조하고 싶은 공간에 두면 분위기를 한층 살려준다.

Mentor's tip

꽃 농장이나 꽃집에서 구입할 수 있는 황칠나무는 일반적으로 곡선을 만들기 위한 철사
고리가 감겨 있어요. 원하는 굴곡으로 직접 수형을 잡을 수는 있으나 무리하면 가지가
부러질 수 있으므로 매일 조금씩 철사를 움직이는 것이 좋아요.

아카시아

몽글몽글한 노란 꽃을 피우고 미모사처럼 밤이면 오므라드는 잎을 가진 아카시아는
햇빛, 바람, 수분을 좋아한다. 국내에서 관엽 식물로 인기를 구가 중인 은엽아카시아와
자엽아카시아는 생김새가 거의 같은데 자엽아카시아는 빛을 받을수록 잎이
자색으로 변하는 특징이 있다. 우리가 흔히 아카시아라고 부르는, 하얀 꽃을 피우는
아까시나무와는 다른 수종이다.

고무나무

커다랗고 진한 초록 이파리에서 느껴지는 중후한 매력이 있는 고무나무는 공간에
무게감을 주고 싶을 때 활용하면 좋은 식물이다. 떡갈나무의 잎을 닮은 떡갈고무나무를
비롯해 벵갈고무나무, 멜라닌고무나무, 인도고무나무 등이 있다.

Mentor's tip

사실 고무나무는 형태를 예쁘게 잡기 어려워서 인테리어 스타일링용으로 선호하는 식물은
아니에요. 하지만 키우기 쉽고 가지치기를 통해 수형 교정이 가능해서 정성을 들인 만큼
결과를 기대할 수 있는 식물이기도 해요.

다육 식물

잎이나 줄기 속에 많은 수분을 가지고 있을 뿐만 아니라 저항력이 매우 강해서 관리에
크게 신경 쓰지 않아도 된다는 장점이 있다. 다육 식물은 종류가 수천 종에 이를
정도로 매우 다양하기 때문에 특정 이름을 외우기보다는 잎 모양, 두께, 색 등을 고려해
선택하는 것을 추천한다.

일반적으로 다육 식물들은 두 개의 이름을 갖고 있어요. 유통 중에 붙여진 별명과
학명이에요. '별의 눈물', '괴마옥', '녹귀란' 같은 인기 다육 식물의 이름은 외모적 특징에
빗댄 별명인 경우가 대다수예요. 종류에 따라 편차는 있지만 크기별로 가격 차이가 많이
나기 때문에 미니 사이즈의 화분 여러 개를 한데 배치해 볼륨감을 높이는 방법을 추천해요.

돌나물과(Crassulaceae)

대중적인 다육 식물 대부분이 돌나물과에 속한다고 생각해도 무방하다. 까라솔, 흑법사,
샐러드볼 등 쌍떡잎식물 장미목 아이오니움Aeonium 속을 비롯해 염좌, 우주목,
바크리, 희성 등 가장 흔하게 볼 수 있는 크라슐라Crassula 속, 장미꽃과 같은 잎의
형태를 가진 에케베리아Echeveria 속 등이 모두 돌나무과에 속한다.

대극과(Euhporbia)

대극과의 대극 속 종류가 선인장 못지않게 종류도 많고 형태도 다양하다. 대표적인
대극과 다육 식물로는 괴마옥, 아미산, 리치아이 등이 있는데 진한 녹색의 줄기가
원형으로 길쭉하며 딱딱하고 끝부분에 돌기가 나 있는 것이 특징이다. 대부분의
식물에서 볼 수 있는 줄기의 하얀 즙(진액)은 독성이 있어 주의가 필요하다. 대극과의
또 다른 인기 다육 식물로는 연중 내내 꽃을 피우는 꽃기린이 있다.

아스포델루스아과(Asphodelaceae)

대표적인 하위 분류가 알로에 속으로 품종에 따라 차이는 있지만 대개 창처럼 길고
뾰족한 잎의 가장자리에 톱니 모양의 가시가 있는 것이 특징이다. 알로에와 비슷하게
생겼으나 훨씬 작고 천천히 성장하는 하월시아 속은 국내에 많이 알려지지 않은
대표적인 품종으로 성장이 느린 만큼 가격대는 매우 높게 형성되어 있다.

앞서 설명한 것처럼 다육 식물은 종류가 워낙 많고 그 형태가 다양하기 때문에 특정 품종에 연연하기보다는 오프라인 매장을 직접 방문하여 구매하는 것을 추천해요. 처음부터 고가의 품종을 선택하기보다는 비교적 저렴한 다육 식물을 골라 크기·형태·컬러별로 그룹화해 보세요. 투명한 유리볼에 넣어 테라리엄 형태로 스타일링하거나, 컬러나 형태가 비슷한 다육 식물을 라탄 바구니 또는 우드 케이스에 담아 놓으면 작은 화분에서 경험하지 못한 묵직한 분위기를 느낄 수 있어요.

과실나무

심플하고 세련된 수형의 과실나무 역시 큰 사랑을 받고 있다. 과실나무는 계절에 따라 꽃을 피우고 열매를 맺기 때문에 장식적인 효과뿐만 아니라 키우는 재미가 배가된다. 홈 스타일링 용도로 각광받는 수종으로는 올리브나무, 구아바나무, 레몬나무, 오렌지나무 등이 있다.

행잉 플랜트와 에어 플랜트

일반적으로 행잉 플랜트와 에어 플랜트를 구분하지 않고 혼용하는 경우가 많지만 엄연히 다르다. 물론 행잉 플랜트와 에어 플랜트 모두 식물을 바닥에 두지 않고 공중에 띄워 키운다는 공통점이 있다. 행잉 플랜트는 흙 속에(혹은 나무, 바위 등에 착생하여) 뿌리를 내리며 자라는 식물을 화분째 공중에 매달아 키우는 것을 의미하며 대표적인 식물로는 디시디아 애플그린, 립살리스 파라독스, 박쥐란 등이 있다. 반면 에어 플랜트는 땅에 뿌리를 내리지 않고 잎을 통해 영양분을 섭취하는 식물로 흙 없이 키울 수 있다. 대표적인 수종으로는 틸란드시아가 있다.

박쥐란

나무껍질이나 바위 등에 붙어서 사는 착생 식물로 고사리과의 양치식물이다. 잎이 길쭉하고 축 늘어진 형태 때문에 '사슴뿔'이라는 별칭으로 유명한데, 벽면에 헌팅 트로피 같은 느낌으로 연출할 수 있다. 대개 고목과 수태(나무에 난 이끼)를 이용해 화분 형태로 만들어 사용한다.

틸란드시아

에어 플랜트와 동일시될 정도로 대표적인 품종이라고 할 수 있다. 수태 등과 함께
테라리엄을 만들거나 화분에 담아 행잉 플랜트로 연출한다. 종류로는 위에서 내려다봤을
때 꽃송이를 닮은 아름다운 수형의 세로그라피카, 쭉쭉 뻗은 길고 가는 잎이 특징인
카피타타, 귀엽고 작은 이오난사, 수염틸란으로 불리는 우스네오이데스 등이 있다.

Mentor's tip

틸란드시아는 뿌리가 노출돼도 충분히 잘 성장하는 식물이에요. 이오난사처럼 귀여운
사이즈의 틸란드시아를 트레이 위에 올려 욕실에 무심하게 연출해 보세요. 작은
사이즈임에도 불구하고 초록이 들어감으로써 욕실의 분위기가 바뀌는 것을 경험할 수 있을
거예요.

흙 속에 뿌리를 내리며 자라는 식물을 화분째 공중에 매달아 키우는 것을 행잉 플랜트라고 한다. 최근 많이 볼 수 있는 박쥐란이 대표적이다.

다양한 에어 플랜트

화분 고르기

플랜테리어를 계획할 때 의외로 놓치는 포인트가 바로 식물을 담는 그릇인 화분을
선택하는 것이다. 디자인과 컬러를 고려해 화분을 선택하기 전에 식물의 형태나 뿌리의
특성을 고려하는 것이 좋다. 뿌리가 수직으로 길게 자라는 식물이라면 깊이가 있는
화분이 좋고, 잔뿌리가 많다면 너비가 넉넉한 화분이 식물 생장에 도움이 된다. 식물의
잎과 줄기의 형태인 수형에 따라서도 선택하는 화분이 달라질 수 있다. 볼륨감이 있는
식물은 마름모형의 화분이 어울리고, 가지가 좌우로 넓게 퍼지는 식물은 바닥이 둥근
화분에 심어야 안정적으로 보인다. 또한 식물의 대와 잎이 높이 달려 있는 수형의
화분은 전체적인 균형을 맞추기 위해 허리가 잘록한 화분을 매치하는 것이 일반적이다.
식물이 인테리어 요소로 적극적으로 활용됨에 따라 화분의 재질 또한 다양해지는
추세이다. 인공적인 느낌보다는 토분, 세라믹, 시멘트 등 천연 원료로 만든 모던한
디자인의 화분이 인기를 얻고 있다.

Mentor's tip

때에 따라서는 식물보다 화분을 먼저 고르는 것이 스타일링에 더 도움이 될 수 있어요. 집에
화분을 둘 자리를 미리 구상하고 수치를 대략적으로 정해 두면 계획적으로 화분을 고를 수
있지요. 일반적으로 화분은 식물 크기보다 1.5배 정도 커야 뿌리가 뻗어 나갈 여유 공간이
확보돼요.

토분

초보 식집사에게는 흙으로 만들어 통기성이 좋은 토분을 추천한다. 식물을 죽이는
원인의 상당수가 흙의 과습으로 인한 뿌리 썩음 때문인데 토분은 흙 마름이 잘 이루어져
이를 예방할 수 있다. 토분은 원산지에 따라 장단점이 다른데 대표적으로 이탈리아산,
독일산, 중국산, 베트남산, 한국산 등으로 나뉜다. 가장 높은 가격대를 형성하고 있는
이탈리아산 토분은 다양한 색감과 화려한 장식이 특징이며 비교적 추위에 강하다는
장점이 있다. 가성비가 좋은 독일산은 색상과 디자인이 단출하나 내구성이 높다는

장점이 있다. 베트남산 토분은 이탈리아산의 저렴이 버전으로 디자인이 화려하고
다양하지만 내구성은 약한 편이다. 가장 저렴한 중국산 토분은 통기성은 좋은 편이나
내구성이 약해 잘 깨진다. 마지막으로 한국산 토분은 국내에서 제작해 내구성이 좋고
한국 정서에 맞는 디자인이 많다.

Mentor's tip

토분은 자연에 가장 가까운 소재의 화분으로 어떤 식물을 식재하더라도 대체적으로 잘
어울려요. 컬러가 있더라도 원색이 아닌 부드러운 파스텔 톤이기 때문에 어떤 공간에 두어도
자연스러운 분위기 연출이 가능하다는 것이 장점이에요. 토분은 원산지에 따라 특성이
조금씩 다르기 때문에 사용하다 보면 자신의 취향을 찾아갈 수 있을 거예요.

시멘트 & 테라조 화분

모던한 라인과 자연의 거친 멋이 적절하게 조화로운 화분으로 인테리어적 효과가
뛰어난 소재이다. 시멘트 화분은 천연 원료인 시멘트를 베이스로 만든 화분이고,
테라조는 시멘트에 대리석, 석영, 유리, 화강암 등의 돌가루를 더해 만든다. 이 두 가지
화분은 두께가 두껍고 무거워서 묵직한 분위기를 연출할 때 효과적이다. 같은 디자인과
컬러의 화분이라도 사용하는 원료가 다르기 때문에 시멘트 화분과 테라조 화분은 각각
다른 기운을 뿜어낸다.

Mentor's tip

시멘트 화분이라고 구매했는데 알고 보면 FRP(섬유 강화 플라스틱) 화분인 경우가 종종
있으니 주의해야 해요. 시멘트 화분과 테라조 화분의 소재가 주는 분위기나 스타일링 팁이
궁금하다면 서울 성수동의 틸테이블(www.tealtable.com)을 방문해 보세요. 구매하지
않더라도 화분을 보는 안목을 높일 수 있어요.

세라믹 화분

흙을 빚어 만든 것은 토분과 같으나 세라믹 화분은 유약을 발라 다시 구운 화분을 말한다. 때문에 유약의 종류에 따라서 다양한 색 연출이 가능하고 광의 유무도 선택할 수 있다. 유약을 발랐기에 토분처럼 물 입자가 화분을 자유롭게 통과할 수는 없지만 소재가 흙인 만큼 여전히 통기성은 좋은 편이다. 과거 세라믹 화분은 난이나 야생화 화분의 대명사로 올드한 느낌이 강했으나 최근 모던한 스타일의 국내외 작가의 디자인 세라믹 화분을 온·오프라인 마켓에서 쉽게 구할 수 있다.

Mentor's tip

먼저 화분과 친해지려면 접근성이 좋고 문턱이 낮은 대형 마트, 다이소, 이케아 매장에서 원하는 크기와 디자인의 화분을 찾아보세요. 그리고 조금 익숙해졌다면 로얄디자인(royaldesign.kr)이나 노르딕네스트(www.nordcnest.kr)를 방문해 보세요. 테이블 위에 올려 사용할 만한 특별한 디자인의 작은 화분을 발견할 수 있을 거예요.

식물에 따른 화분 연출법

화분을 선택할 때 디자인과
재질은 개인 취향이긴 하나
식물의 종류, 놓을 공간
등을 고려해야 한다.

꽃병과 꽃꽂이

식물 인테리어는 공간에 생명을 불어넣는 작업이다. 식물 인테리어를 이야기할 때
화분을 먼저 떠올리기 쉬우나 집 안에 식물을 들이는 방법이 화분만 있는 것은 아니다.
지속적인 관리가 필요한 식물 화분을 키우는 것이 부담스럽다면 꽃 한 송이로 시작하는
것도 좋은 방법이다. 어떤 꽃을 살지 고민이라면 꽃이 놓일 공간에 부족한 컬러를
채운다고 생각하면 쉽다. 다양한 디자인의 꽃병을 갖고 있다면 꽃꽂이로 한층 더 풍성한
분위기를 연출할 수 있다.

Mentor's tip

사실 좋은 꽃병을 하나 가지고 있으면 어떤 꽃을 꽂아도 그림이 돼요. 홈 스타일링을
위해서라면 꽃보다는 꽃병에 투자라하고 조언하고 싶어요. 컬러가 들어 있는 것보다는 투명한
화병이 스타일링하기가 쉽고 꽃을 더욱 돋보이게 하지요. 간혹 대형 화병을 고집하는 경우가
있는데 층고가 높지 않은 우리나라 가옥 구조상 답답해 보일 수 있으니 주의하는 것이 좋아요.

기본기 다지기

입문자가 가장 많이 하는 실수 중 하나가 한 면만 생각하고 꽃을 꽂는다는 것이다.
완성도 높은 꽃꽂이는 어느 면에서 봐도 예뻐야 한다. 그러기 위해서는 꽃병의 한 면이
아닌 다방면으로 돌려가며 꽃을 꽂아야 실수가 적다. 전체적인 볼륨감을 고려해서
얼굴이 가장 큰 꽃을 먼저, 그 사이에 중간 크기의 꽃을 차례로 꽂고 마지막은 그린
소재와 얼굴 작은 꽃으로 채운다. 만약 나뭇가지와 줄기류가 있다면 이를 가장 먼저
배치해 단단하게 중심을 잡으면 된다.

Mentor's tip

꽃을 꽃병에 꽃을 때에는 줄기를 사선으로 잘라주고 매일 새로운 물로 교체해 주는 것이
좋아요. 물에 락스 같은 표백제를 한두 방울 떨어뜨리거나 절화 보존제를 넣어주면 조금 더
오랫동안 예쁜 꽃을 감상할 수 있어요. 다이소만 가더라도 꽃가위, 절화 보존제를 쉽게 구할
수 있어요.

풍성한 꽃다발 연출하기

다양한 꽃과 소재류를 적절하게 배치해 풍성한 꽃꽂이를 완성하면 좋겠지만
초보자에게는 쉽지 않다. 이럴 때는 같은 종류의 꽃을 두 단 이상 사서 꽃병에 꽃으면
풍성하면서도 세련된 연출이 가능하다. 이때 제철 꽃을 활용하면 훨씬 더 경제적으로
스타일링이 가능하다. 또한 미스티 블루나 에키놉스처럼 존재감 있는 꽃을 선택할수록
공간에 포인트가 되며 특히 이 두 가지의 꽃은 물이 마르면 자연스럽게 드라이플라워가
되어 장기간 연출이 가능하다.

소소한 팁 몇 가지

꽃병과 꽃의 볼륨감은 비례하는 것이 정석이나 때에 따라서는 큰 꽃병에 꽃 몇 송이만
꽃아 색다른 분위기를 만들 수 있다. 이때 입구가 넓은 꽃병의 경우 꽃을 고정하는
것이 쉽지 않은데 투명 테이프를 입구에 격자 모양으로 붙이면 손쉽게 원하는 모양을
잡을 수 있다. 최근에 유행했던 이케바나 디자인의 꽃병을 이용하면 테이프 등의
별도의 고정 장치 없이 손쉽게 꽃을 한 송이씩 꽃을 수 있다. 매번 생화를 구입하는
것이 부담스럽다면 조화와 섞어서 연출하는 방법도 있다. 이럴 때는 꽃보다는 잎이나
소재류를 조화로 사용하는 것을 추천한다. 꽃병에 꽃을 꽃을 때는 일반적으로 줄기를
사선으로 잘라 물 흡수를 용이하게 하지만 히아신스, 튤립 등 줄기가 무른 꽃들은
일자로 잘라야 오히려 지나친 수분 흡수를 막을 수 있다. 마지막으로 생명력이 거의
다한 꽃은 꽃병 대신 유리 수반을 이용하면 이색적인 연출이 가능하다. 줄기 부분은 약
1~2cm만 남겨두고 모두 자른 후 꽃송이를 물 위에 띄우면 된다.

개인적으로는 꽃보다 수명이 긴 소재류를 화병에 꽂아 테이블 위에 연출하는 것을 즐겨 하는데요. 적절히 계절감을 보여주면서도 톤이 튀지 않아서 초보자에게 추천해요. 목이 긴 유리 화병에 에그스톤을 몇 개 넣고 키가 큰 소재류를 무심하게 꽂아주세요. 꽃을 좋아한다면 절화를 사용하면 되고요.

공간별 식물 선택 가이드

플랜테리어는 일부러 식물을 위한 공간을 따로 마련하기보다는 기존의 인테리어에 식물을 조화롭게 더하는 개념으로 이해하는 것이 좋다. 사용자의 시선이 닿는 모든 곳에 원하는 식물을 놓을 수는 있으나 인테리어 요소가 꽉 찬 곳보다는 어느 정도 여백이 있는 곳에 두는 것을 추천한다. 또한 텅 빈 공간을 가득 채운다는 느낌보다는 약간 허전해 보일 수 있는 공간에 화분 한두 개를 놓음으로써 집 안에 그린 포인트를 준다고 생각하면 된다.

거실

집에서 가장 넓은 공간인 거실은 사이즈가 큰 식물을 스타일링할 수 있는 가장 적합한 장소이다. 떡갈고무나무, 아레카야자, 몬스테라 등은 잎이 넙적하거나 길어 시원시원하고 웅장한 느낌을 연출할 수 있다. 마다가스카르 재스민 등의 넝쿨 식물은 자연스럽게 벽을 타고 넝쿨이 뻗어 가도록 스타일링하면 이국적인 분위기를 낼 수 있다.

식물은 사이즈에 따라 가격 차이가 많이 나기 때문에 처음부터 대형 화분을 구입하는 것이 부담스러울 수 있어요. 부족한 예산으로 웅장한 느낌을 내고 싶을 때는 적당한 사이즈의 화분을 산 다음 스툴, 책 등을 이용해서 화분 높이를 높여주는 것도 좋아요.

거실의 화분 연출 예시

침실

공기 정화 식물을 이용하면 조금 더 쾌적한 수면 환경을 만들 수 있다. 침대 옆에 중간 사이즈의 화분을 1개 놓거나 사이드 테이블이나 선반 위에 작은 화분 2~3개 정도를 놓는 것이 적합하다. 병충해가 걱정된다면 뿌리를 노출해서 키울 수 있는 틸란드시아를 거치대를 이용해 원하는 스타일로 연출하는 것도 괜찮은 대안이다.

부엌

싱크대 앞 선반이나 아일랜드 식탁 위에 올려둘 수 있는 미니 사이즈의 화분을 추천한다. 온도와 습도에 크게 영향을 받지 않는 다육 식물이나 로즈메리처럼 생명력이 강한 허브 화분을 추천한다.

욕실

공기 정화 능력이 뛰어나면서 인테리어에 활용하기 좋은 식물로는 스킨답서스, 틸란드시아 등이 있다. 대표적인 음지 식물인 고사리 역시 욕실에서 잘 자랄 수 있는 식물 중 하나다. 또한 아이비 등의 넝쿨식물은 그릭이 벽을 타고 내려와서 싱그러운 효과를 줄 수 있다. 어떤 품종이 됐든 큰 사이즈의 식물보다는 세면대 앞 미니 사이즈나 행잉 바스킷용 소형 또는 스툴 위에 올려 연출할 중형 사이즈가 무난하게 어울리는 공간이다.

Mentor's tip

식물을 키울 때 가장 중요한 요소 중 하나가 바로 통풍이에요. 어떤 공간에 놓더라도 정기적으로 환기를 시켜줘야 오랫동안 함께할 수 있어요. 일반적으로 속 흙까지 말랐을 때 물을 충분히 공급하는 것이 좋은데, 집집마다 그리고 공간마다 컨디션이 다르기 때문에 나무젓가락으로 확인하는 방법을 추천해요. 나무젓가락을 흙 속에 꽂아 수분이 올라오는지 확인하는 거예요. 무엇보다 우리 집에 처음 식물을 들이는 것이라면 온라인 구매보다는 오프라인 농원을 먼저 가보라고 조언하고 싶어요. 서울 양재꽃시장은 국내에 유통되는 수많은 품종의 식물을 만날 수 있고, 경기 파주의 조인폴리아는 카트를 끌고 다니면서 원하는 식물을 쇼핑할 수 있어요. 구매가 목적이 아니더라도 최신 식물 트렌드와 식물 키우는 방법, 다양한 식물 연출 팁도 얻을 수 있으니 식물원 간다고 생각하고 한번 방문해 보세요.

부엌의 화분 연출 예시

조화 스타일링

인공적으로 만든 꽃을 뜻하는 조화는 엄연히 따지면 '식물'의 범주에 속하지 않기 때문에 이번 파트에서 다루는 게 맞을지 고민을 많이 했다. 물론 조화는 식물의 주요 기능 중 하나인 공기 정화 능력은 없지만 정서적 안정감을 주는 데는 생화에 뒤지지 않기에 함께 소개하기로 한다. 최근 수직 정원, 화분, 화병 등을 활용해 조화를 세팅한 상업 공간이 눈에 띄게 늘어난 이유는 그만큼 조화의 퀄리티가 좋아졌기 때문이다. 생화 고유의 감성은 따라갈 수 없으나 직접 만져보기 전까지는 진짜인지 가짜인지 구분하기 어려울 정도로 디테일이 살아 있다. 과거에는 '조화 = 저가 상품'이라는 인식이 강했지만 요즘은 품질이 업그레이드되면서 생화보다 비싼 조화도 많다. 다만 추가 관리비가 들지 않는다는 점과 원할 때까지 오랫동안 감상할 수 있다는 점에서 생화보다 경제적이라고 말할 수 있을 것이다. 좋은 조화를 고르는 방법과 조화를 자연스럽게 연출하는 방법을 소개한다.

조화 쇼핑, 온라인 vs. 오프라인

조화 역시 생화 트렌드와 별반 다르지 않다. 떡갈고무나무, 아레카야자, 몬스테라 등 잎이 넓적하고 웅장한 느낌이 나는 식물이 인기라면 조화 마켓에서도 비슷한 종류의 식물을 어렵지 않게 만날 수 있다. 서울의 대표적인 꽃 도매 시장인 고속터미널 3층 꽃상가에 가면 소품 파는 쪽에 조화 시장이 형성되어 있다. 최근 인기 있는 식물 트렌드를 그대로 반영한 조화 시장에서 다양한 종류의 꽃과 화분뿐만 아니라 흘러내리는 느낌의 행잉 플랜트, 가지각색의 소재류도 만나볼 수 있다. 생화와 달리 즉석에서 여러 종류의 꽃을 한 다발로 만들어보는 것이 가능하고 필요한 양만 소량으로 구입할 수 있다는 것이 장점이다. 이케아, 모던하우스 등 인테리어 전문 매장에서도 비교적 양호한 품질의 인조 식물을 다양하게 만나볼 수 있다. 이케아는 가정에서 바로 활용 가능한 인조 꽃과 나무를 규모 있게 전시하는 것이 특징이고, 모던하우스는 시즌별로 조화 스타일링을 달리하기 때문에 구매뿐만 아니라 세팅 아이디어도 얻을 수 있다. 수요가 늘어남에 따라 온라인 판매 채널도 점점 다양해지는 추세다. 포털 사이트에 원하는 식물 이름과 함께 '조화'를 키워드로 입력하면 관련 제품이 검색되고 상세 페이지에 들어가면 제품의 상태를 비교적 세세하게 확인할 수 있다. 하지만 육안으로 보면 그 느낌이 또 다를 수 있으므로 조화를 어느 정도 다뤄본 경험이 있는 숙련자가 아니라면 오프라인 매장을 방문해 직접 보고 구매할 것을 추천한다.

조화를 고를 때 '가격'에 너무 인색하지 않았으면 해요. 조화 화분의 경우 공간을 바꿔가며 반영구적으로 사용이 가능하고 꽃과 소재류 역시 스타일링을 달리해 얼마든지 오래 사용할 수 있기 때문에 품질을 고려하는 것이 결과적으로 돈을 아끼는 방법이에요. 그래서 조화만큼은 다이소 쇼핑을 추천하지 않아요.

조화 연출하기

앞서 생화 편에서도 식물을 담는 그릇인 화병, 화분의 중요성을 이야기했는데 식물이 진짜가 아닌 인조일 때 그 중요성은 더 커진다. 조화 화분을 완제품으로 구입했더라도 그 상품을 그대로 놓는 것과 화분을 바꾸거나 라탄 바구니 등에 넣어 연출하는 것은 만족도에서 확연히 차이 난다. 따라서 조화로 연출한다면 화병과 화분에 더 신경 쓰라고 조언하고 싶다. 한편 조화는 일반적으로 줄기나 잎 등의 안쪽이 와이어 처리가 되어 있으므로 자유롭게 구부려 원하는 라인을 만들 수 있다. 스타일링하는 사람의 정성에 따라 형태가 달라지므로 조금 더 섬세한 스타일링 감각이 요구된다.

화병에 꽂기

가장 일반적인 연출법으로 어떤 오브제보다 공간에 활력과 생기를 불어넣는 역할을 한다. 투명한 화병에 조화를 꽂을 때의 포인트는 생화처럼 물을 어느 정도 채우라는 것이다. 이때 조화의 와이어가 밖으로 드러나지 않은 제품을 골라야 원하는 생화의 느낌을 최대한 살릴 수 있다. 조화 스타일링 방법은 앞서 소개한 생화와 동일하다.

같은 종류의 조화라도 로얄디자인에서 직구한 화병에 꽂으면 전체 퀄리티가 확 올라가요. 좋은 그릇에 조화를 담으면 확실히 더 고급스러운 느낌을 낼 수 있다는 점, 꼭 기억해 주세요.

화분 만들기

어느 정도 숙련자라면 나뭇가지, 잎, 화분을 각각 따로 구입해서 원하는 스타일을 연출할 수 있으나, 초보자라면 나뭇가지와 잎이 세트인 제품이나 나뭇가지, 잎, 화분이 함께 구성된 일체형을 구입해 약간의 변형을 주는 방법을 추천한다. 인조 식물을 구입했다면 어울리는 화분을 고르고 그 안에 충전재를 채워 식물 화분을 완성하면 된다. 생화는 화분 안을 흙으로 가득 채워야 하지만 조화는 글루건과 신문지 등으로 고정한 후에 스티로폼을 90% 가까이 채운 후 나머지는 돌이나 흙, 이끼 등의 자연물로 마무리하는 것이 좋다.

Mentor's tip

키우던 생화가 죽었다면 같은 화분에 같은 종류의 인조 식물부터 연출해 보는 것이 좋아요. 흙 대용 충전재는 어떤 것을 사용해도 상관없으나 무게가 가벼워야 화분을 옮길 때 용이하기 때문에 스티로폼을 주로 사용해요. 가장 중요한 작업 중 하나가 줄기와 잎을 펴주는 것인데, 하나하나 섬세하게 펴면서 모양을 잡아야 더 자연스럽고 예쁜 디자인이 나와요. 화분을 따로 연출하는 것 자체가 번거롭다면 화분 일체형을 구입한 후 라탄 바구니 등의 화분 커버를 씌우면 조금 더 간편하면서 스타일리시하게 연출할 수 있어요.

수직 정원 도전하기

식물이 수직의 벽면에서 자라거나 설치될 수 있도록 디자인된 정원을 수직 정원이라고 하는데 조화를 이용하면 자가 설치가 가능하다. 인조 잔디 또는 이끼 느낌이 나는 그린 보드를 원하는 크기로 재단한 후 벽면에 고정한다. 먼저 흘러내리는 느낌의 행잉 플랜트를 배치하고 작은 잎을 활용해 중간중간 빈틈을 메운다. 사각 프레임이 자연스럽게 가려지도록 주변에는 야자수처럼 잎이 크고 예쁜 것들로 배치하고, 시선이 집중되는 중앙에는 박주란처럼 독특한 모양의 식물을 활용하면 좋다.

Mentor's tip

다육 식물 플랜트 박스도 조화로 연출할 수 있어요. 생화처럼 보일 때 그 가치가 더 올라가기 때문에 인조 식물을 사용하더라도 박스 안에는 진짜 흙, 돌, 이끼, 나뭇가지 등을 넣어 연출하는 것을 추천해요. 식물 인테리어에 도전하고 싶지만 관리에 자신이 없어 포기한 적이 있다면 조화로 먼저 시작해 보세요.

인테리어 스타일링 비어룸

수직 정원

Part 6

감추기와 정리하기

홈 스타일링은 때때로 미적인 것뿐만 아니라 기능적인 역할을 담당하기도 한다. 현대인의 라이프스타일에 맞게 설계된 신축 아파트나 주택은 배전함, 보일러 분배기 등의 보기 싫은 장치가 가려져 있지만 지은 지 수십 년이 넘은 구축이라면 간혹 밖으로 드러나 있는 경우가 있다. 또한 저층에 살거나 아파트 동 사이의 거리가 가깝다면 사생활 보호를 위한 별도의 장치가 필요할 수도 있다. 이처럼 보기 싫은 곳을 가리거나 사생활 보호를 위해서도 홈 스타일링은 필요하다. 이와 별개로 때로는 무언가를 더하기보다는 깔끔하게 정리하고 정돈하는 것이 최고의 스타일링일 때가 있다. 그래서 이 파트에서는 노출하기 싫은 부분을 스타일리시하게 가리는 방법과 나만의 스타일을 만들기 위해 필요한 최소한의 정리 방법에 대해 이야기하려 한다.

인테리어 치트키: 감추기

원하는 컨디션의 집을 선택할 수 없는 경우가 대다수이기에 집 안에 보여주고 싶지 않은 부분이 드러나 있기도 한다. 설계 기술의 부족으로 안으로 감춰야 하는 부분이 겉으로 노출되기도 하고 여러 사용자를 거치면서 군데군데 낡고 해지기도 한다. 대대적인 공사를 통해 마감재부터 깔끔하게 손보면 좋겠지만 여건이 안 될 때는 시판 중인 커버 제품만 잘 활용해도 충분하다. 사생활 보호가 필요할 때 역시 약간의 수고만 감내한다면 전문 업체를 부르지 않고 스타일링 수준에서 해결할 수 있다.

보기 싫은 부분 감추기

한때 '눈가림 데코'란 말이 유행한 적이 있다. 눈가림 데코란 말 그대로 보기 싫은 부분의 시선을 돌리기 위한 데커레이션을 의미한다. 밖으로 드러난 배전함, 계량기, 배관 등의 '옥의 티'를 가리기 위해 과거에는 눈속임용 수납장을 맞춤 제작하거나 이를 모티브로 전체 벽면 장식을 연출하기도 했다. 하지만 최근에는 관련 문의가 거의 없는데 이는 설계 기술의 발달로 보기 싫은 장치를 최대한 눈에 띄지 않는 곳으로 숨기는 것이 가능해졌고, 밖으로 드러난 경우에는 이를 깔끔하게 커버하는 기성품이 워낙 잘 나와 있기 때문이다. 요즘과 같은 상황에서는 보기 싫은 곳을 가리겠다고 소품을 더해 스타일링하는 것이 오히려 더 어수룩해 보일 수 있다. 해당 공간에 어울리는 제품을 선택해 군더더기 없이 단정하게 가리는 것을 추천한다.

Mentor's tip

포털 사이트에 '배전함 커버', '보일러 분배기 커버'를 검색하면 액자, 장식장 등 다양한 디자인과 컬러의 가리개 상품을 만날 수 있어요. 집 안 인테리어 스타일을 고려하되 가급적 무난하고 심플한 디자인의 제품을 선택하는 것이 좋아요.

전선, 위장할까 vs. 드러낼까

과거에는 인테리어 디자인을 할 때 전선을 잘 숨기는 것이 성공 여부를 결정하는 중요한 잣대가 되기도 했다. 물론 지금도 어느 정도는 유효하다. 전선을 숨기는 가장 좋은 방법은 벽 안쪽으로 매립하는 것이지만 스타일링만으로 해결하려면 전선 정리용으로 나오는 속이 빈 몰딩을 구매하면 된다. 미터 단위로 살 수 있고 필요한 만큼 잘라 연출하는 것이 가능하며 원하는 디자인과 색상을 선택할 수도 있다. 이 밖에도 스테이플러를 이용해 전선을 벽에 최대한 밀착시켜 고정하는 것만으로도 어느 정도 정돈되어 보이는 효과는 기대할 수 있다. 최근 눈에 띄는 양상은 전선을 더 이상 감추지 않고 포인트 아이템으로 활용한다는 것. 톡톡 튀는 팝 컬러나 절제된 세련미가 돋보이는 모노톤 멀티탭이 출시되어 인테리어 스타일링 아이템으로 각광받고 있다. 'Part 1 조명'에서 언급했던 펜던트 조명등의 전선도 같은 맥락이라고 할 수 있다. 펜던트의 전선 디자인과 컬러가 다양하게 출시되어 굳이 전선을 감추지 않고 자연스럽게 노출하는 경우가 많아졌다.

Mentor's tip

감추고 싶었던 멀티탭이 보여주고 싶은 인테리어 포인트 아이템으로 바뀌었다는 사실이 굉장히 흥미로워요. 그렇다고 모든 전선을 노출하기보다는 대부분은 가리되 한두 개 정도는 디자인 멀티탭을 이용해 단조로운 인테리어에 변화를 주는 것을 추천해요. 대표적인 디자인 멀티탭 브랜드로는 사무엘스몰즈, 아볼트, 벨슨 등이 있어요.

사생활 보호를 위한 장치들

홈 스타일링이 때론 선택이 아닌 필수일 때가 있다. 저층에 거주하거나 동 간 거리가 가까워 사생활 보호가 필요할 때가 대표적이다. 사생활 보호를 위해 가장 많이 선택하는 것은 커튼과 블라인드로, 두 가지 모두 직접 설치가 가능하다. 커튼은 사용하기 편하고 바꾸는 것도 용이하지만 채광 조절이 쉽지 않다는 단점이 있다. 사생활 보호 목적이라면 빛은 투과하되 외부로부터 시선을 차단해 주는 얇은 패브릭 커튼을 추천한다. 반면 커튼에 비해 설치가 어렵고 한번 설치하면 바꾸기 쉽지 않은 블라인드는 슬릿 각도를 조절함으로써 비교적 섬세하고 자유롭게 채광을 조절할 수 있다. 특히 블라인드 옆면이

전선을 드러내도 좋은 경우

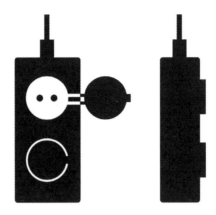

디자인 또는 컬러가 포인트가 될 수 있는 멀티탭을 사용할 때

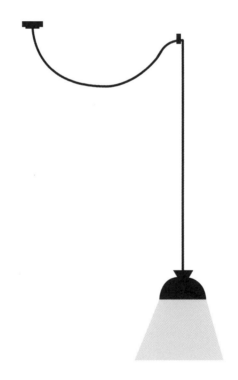

펜던트 조명의 전선을 너울 형태로 자연스럽게 노출할 때

육각형 벌집 모양으로 되어 있는 허니콤 셰이드는 이러한 벌집 구조가 공기층을 형성해 단열, 외풍과 소음 차단에 효과적이다. 블라인드의 위아래 모두 클립으로 고정하는 심플리시티(셔터형) 방식으로 설치하면 상단과 하단의 동시 개폐가 가능하다. 원하는 공간만 가릴 수 있어서 외부 시선을 차단하는 동시에 어느 정도의 개방감을 느낄 수 있다. 이 밖에도 'Part 1 조명'에서 언급했던 조명 트릭도 사생활 보호 장치가 될 수 있다. 펜던트나 플로어 스탠드를 이용해 발코니를 환하게 밝히면 상대적으로 어두운 집 안의 모습은 밖에서 잘 보이지 않는다. 베란다 창 앞에 둔 대형 식물도 사생활을 보호할 때 요긴하다. 특히 저층 세대의 경우 외부 시선이 닿을 수 있는 곳에 잎이 큰 식물 화분을 두면 불필요한 시선을 차단할 수 있다. 마지막으로 이동형 칸살 파티션 역시 사생활 보호에 유용한 아이템이다. 바람과 빛을 차단하지 않으면서도 파티션을 겸한 기성품이 점점 다양하게 출시되어 선택의 폭이 넓어졌다.

인테리어 디톡스: 정리

'넘치는 것은 부족함만 못하다', '과유불급(過猶不及)', 'Less is more'. 동서고금을
막론하고 앞에 나열한 격언이 시사하듯 때에 따라서는 정리하고 버리는 것이 최고의
인테리어가 될 수 있다. 몸 안의 독소를 없애는 디톡스detox는 인테리어 영역에서도
필요한 것이다. 디톡스 인테리어의 핵심 포인트는 크게 두 가지로 요약할 수 있는데,
과감하게 버리기와 수납 박스를 이용해 지속 가능한 수납을 하는 것이다. 홈 스타일링의
기본기가 되는 정리 방법에 대해 소개한다.

Mentor's tip

사실 정리는 '아이템발'이라고 해도 과언이 아니에요. 각 공간과 용도에 맞는 일관된 정리
아이템을 이용해 정리할 때 시각적인 효과를 최대치로 누릴 수 있어요. 한 번 정리할 때
제대로 투자하는 것이 정리된 상태를 오래 유지하는 방법이기도 하고요.

정리 & 정돈의 순서

정리의 중요성은 잘 알고 있으나 어디서부터 어떻게 시작해야 할지 막막한 사람들을
위해 누구나 적용 가능한 정리 프로세스를 소개한다. 어떤 공간이든 아래 내용을
참고해서 정리할 수 있다.

Step 1 물건 끄집어내기

내가 갖고 있는 아이템이 무엇인지 알아야 정리가 가능하다. 수납장, 정리함, 옷장,
서랍장 등에 들어 있는 물건을 밖으로 빼내는 것부터 시작한다. 모든 물건을 한 번에
빼내는 것보다는 공간별로 나눠 진행하고, 부엌과 드레스 룸처럼 물건이 많은 곳이라면
같은 공간 내에서 구역별로 나눠 정리하는 것을 추천한다.

Step 2 손으로 직접 닦으며 카테고리 정하기

물건을 밖으로 다 꺼냈다면 보관할 것과 버릴 것을 분류하기에 앞서 하나씩 전부 닦는

정리 공간 구역 나누기

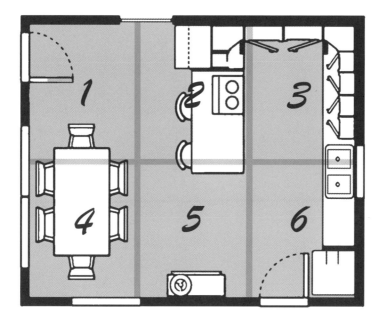

부엌처럼 물건이 많은 곳은 면적 또는 물건 양에 따라 4~6개로 구역을 나눠 정리하는 것을 추천한다.

과정에 들어간다. 물건의 묵은 때를 벗겨내려는 목적보다는 물건을 구석구석 닦으면서 그 물건의 용도, 의미를 생각해 볼 수 있다. 그 과정을 통해 나에게 소중한 물건인지 아닌지 보이기 시작하면 보관할 것, 기부할 것, 판매할 것, 버릴 것으로 카테고리를 나눈다. 재사용이 가능한 것이라면 환경을 위해서라도 재판매 또는 기부를 할 것을 추천한다. 사용하지 않거나 재사용이 가능한 옷과 물건은 아름다운가게, 굿윌스토어, 옷캔에 기부하면 국세청 연말 정산 시 기부금 세액 공제를 받을 수 있다. '보관할 것'에 속하는 아이템들은 다시 용도, 형태, 컬러 등에 따라 소분류한다.

Mentor's tip

아무래도 대대적인 정리에선 힘들겠지만 물건을 닦으면서 정리가 되고 나아가 스타일링으로 발전하는 경우가 종종 있어요. 꽃병을 닦으면서 꽃을 정리하게 되고 자연스럽게 꽃 스타일링으로 이어지더라고요. 스타일링에 대한 아이디어가 떠오르지 않을 때는 사용할 물건을 닦는 것부터 시작해 보세요.

Step 3 청소하기

옷과 물건으로 가득 찼던 옷장과 서랍장, 정리 박스로 빼곡히 들어찼던 공간은 수시로 청소하기 어려웠을 가능성이 크다. 빼 놓은 짐들이 어느 정도 분류가 되었다면 수납 박스를 넣기 전에 그 짐들이 한동안 차지했던 공간을 깨끗하게 청소하는 것이 필요하다. 먼지를 제거하는 것은 기본이고 항균 스프레이를 이용해 묵은 때와 세균을 제거한다.

Step 4 수납 및 라벨링

보관 예정인 아이템을 분류한 후 제자리를 찾아주는 작업이 바로 수납과 라벨링이다. 시판 중인 수납 박스를 활용하면 간편하게 정리할 수 있으며 라벨링을 통해 누구나 쉽게 필요한 물건을 이용한 후 제자리를 찾을 수 있다.

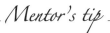

집 근처 다이소만 가더라도 용도별로 굉장히 다양한 사이즈의 수납함을 만날 수 있어요. 이때 수납함을 필요한 개수보다 조금 더 여유 있게 구입하는 것이 좋아요. 나중에 타 브랜드에서 추가로 구입하면 적층 호환이 불가할 수도 있고 통일성이 깨져 자칫 정돈된 느낌이 줄어들 수 있으니까요.

Step 5 제자리에 넣기

정리를 위해 밖으로 빼낸 물건을 본래 있던 자리에 다시 넣을 차례. 각 보관함의 라벨을 확인한 다음 제자리를 찾아 넣어준다. 같은 카테고리 안에서도 사용 빈도가 높다면 손이 닿기 쉬운 곳에 보관하는 것이 좋다. 또한 필요한 물건을 찾기 쉽도록 컬러나 형태가 한눈에 보이도록 정리하는 것을 추천한다.

Step 6 유지하기

정리된 상태를 유지하는 것이 대대적인 정리만큼 어렵다. 하지만 습관이 되고 익숙해지면 더 이상 특별한 일이 아닌 것이 된다. 정리 규칙을 지키고 제자리를 찾아 넣는 것이 처음에는 조금 힘들 수 있으나 이것만 이겨내면 매일매일 정돈된 집에서 하루를 시작할 수 있다.

현관 정리하기

잘 정돈된 현관은 기분 좋은 하루의 출발점이면서 손님이 방문했을 때 긍정적인 인상을 줄 수 있는 공간이다. 풍수 인테리어에서도 현관은 항상 깨끗하고 청결하게 유지해야 집 안으로 좋은 기운이 들어온다고 설명한다. 3~7m^2(1~2평)의 작은 공간이지만 집 안팎을 연결하는 중요한 통로인 현관을 어떻게 정리하면 좋을까?

신발 정리

현관 정리의 성패는 신발이 좌우한다고 해도 과언이 아니다. 현관에 신발이 어지럽혀 있으면 오물이 떨어져도 잘 닦지 않게 되고, 크고 작은 짐도 아무렇게 쌓아 두게 된다. 아무리 작은 공간이라도 대청소는 부담일 수밖에 없는데 신발마다 제자리를 찾아주면 따로 시간 내서 정리할 필요가 없다. 신발 정리의 기본은 사용 빈도에 따라 위치를

신발장 정리 팁

가끔 신는 계절
신발은 맨 위칸에
배치.

가장 즐겨 신는
신발은 손이 닿기
편한 중간 칸에
배치.

아이 신발은 키를
고려해 맨 아래
칸이나 중간 칸에
배치.

신발장은 사용 빈도에 따라 신발의 위치를 정해 정리해야 깨끗한 상태로 오랫동안 유지될 수 있다.

정하는 것. 부츠, 장화 같은 계절 아이템이나 가끔 신는 기능성 신발은 손이 잘 닿지
않은 맨 위칸에, 그다음으로 찾는 것은 그 아래칸에, 계절과 어울리는 신발이거나 계절
상관없이 가장 즐겨 신는 아이템은 손이 닿기 편한 중간 칸에 비치한다. 아이 신발은
아이 키를 고려해 맨 아래칸 또는 중간 칸에 정리하면 된다.

Mentor's tip

온·오프라인에서 판매하는 신발 정리대를 이용하면 2단 수납이 가능해서 같은 공간에 조금
더 많은 양을 넣을 수 있어요. 하이힐을 즐겨 신는다면 압축봉을 이용하는 것도 방법이에요.
신발 정리에서 무엇보다 중요한 것은 외출할 때 사용한 신발은 집에 오자마자 바로 신발장에
넣는 습관이에요. 나중으로 미루는 순간 일이 될 수 있거든요. 앞서 설명한 것처럼 신발마다
자리를 정하고 사용한 후에 제자리에 넣으면 따로 청소할 필요가 없어요.

우산과 청소용품 정리

외출 시 자주 쓰는 물건이나 잊지 않고 챙겨야 하는 아이템은 현관의 붙박이장 한
칸을 할애해서 정리하는 것이 좋다. 시판 중인 우산 정리함을 이용해 장우산과 접이식
우산을 정리하고 구둣주걱, 비눗방울 등 아이의 야외 놀이 아이템도 한꺼번에 정리한
후 붙박이장 안쪽에 넣는다. 밀대는 밀대 걸이 홀더를 문 안쪽에 부착해 사용 후 걸어
보관하면 깔끔하다.

잡동사니 정리

각종 키, 선글라스, 액세서리, 향수 등 주로 외출할 때 사용하는 부피가 작은 잡동사니는
타공판 또는 주얼리 트레이를 이용해 정리한다. 타공판을 이용한다면 출입문과
마주하는 벽면은 피하는 것이 좋고, 트레이는 너무 큰 사이즈는 피한다.

정리 아이템 활용 팁

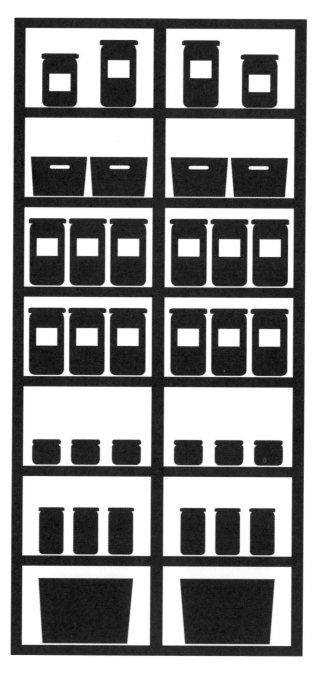

가급적 동일한 디자인의 정리 아이템을 이용하는 것이 좋다.

부엌 정리하기

집 안에서 물건이 가장 많은 곳 중 하나는 부엌. 집의 평수와 무관하게 살림살이가
넘치는 공간이다. 모든 도구를 안으로 감추기보다는 소형 가전, 테이블웨어 등 디자인
아이템을 적절하게 디스플레이하면 보기에도 좋고 사용하기에도 편하다.

숨겨야 할 것들 vs. 드러내야 할 것들

밖으로 노출하는 주방 아이템은 최대 20% 미만으로 구성하는 것이 좋다. 자랑하고 싶은
것이 많더라도 너무 많은 아이템을 밖으로 노출해 놓으면 공간이 정돈되지 않은 것처럼
보이며 관리하기도 어렵다. 사용감이 심하거나 에어프라이어나 인스턴트 포트처럼
기능에 충실한 디자인을 가진 소형 가전은 가급적 시선이 닿지 않는 곳에 보관하고,
디자인 가전이나 장인이 공들여 만든 테이블웨어는 오픈 수납장에 배치해 스타일을
완성한다.

공간 분할을 통한 정리

싱크대 상부장과 하부장, 냉장고, 팬트리 등과 같은 수납공간이 넉넉할수록 정리하는
것도, 정리된 상태를 유지하는 것도 어렵다. 이럴 때는 정리 렉이나 수납 박스를 이용해
공간을 적절히 분할하는 것이 좋다. 행잉 바스켓과 렉은 상부장과 하부장에 넣으면 어느
정도 공간이 분리되면서 그릇류, 도마, 프라이팬과 냄비를 깔끔하게 정리할 수 있다.
식품을 보관하는 팬트리와 냉장고에는 투명한 보관 용기를 사용하는 것이 좋다. 유리,
플라스틱, 금속 등의 소재는 용도에 맞게 선택하더라도 한눈엔 내용물을 확인할 수 있는
용기를 사용해야 정리 정돈 상태를 장기간 유지할 수 있다.

정리 렉과 수납함을 이용한 정리 아이디어

투명한 용기로 정리한 팬트리

과거에는 정리 아이템이 특정 브랜드에서만 고가로 출시되었고 카테고리가 세분화되지 않아 대부분 제작해서 사용했어요. 그런데 요즘은 정말 많은 브랜드에서 가격대뿐만 아니라 디자인, 컬러, 소재, 사이즈를 세분화해 출시하고 있어 원하는 제품을 쉽게 구할 수 있어요. 리빙 용품 매장에 가면 '정리' 카테고리가 따로 있을 정도이니까요. 온라인에서 원하는 물건을 찾고 싶다면 '팬트리 수납함', '접시 렉', '하부장 정리 렉' 이런 식으로 구체적인 키워드를 넣고 검색해야 자신에게 맞는 제품을 찾을 확률이 높아져요.

드레스 룸 정리하기

시즌마다 옷과 가방, 신발 등 패션 아이템을 구매하는 데도 외출할 때 입을 옷이 없다면 옷장 정리가 필요하다는 신호다. 옷장을 정리하면 어떤 옷을 입고 싶은지 알 수 있다. 드레스 룸을 정리하는 가장 좋은 방법은 사용자의 라이프스타일과 취향에 맞게 시스템 가구를 들이는 것이다. 하지만 상황이 여의치 않다면 벽 고정 행어와 수납장, 각종 정리함을 활용하는 방법이 있다. 정리 프로세스에서 설명한 것처럼 드레스 룸을 정리할 때 역시 카테고리별로 구분하는 것이 기본이다. 청바지, 니트 웨어, 상의, 가방, 액세서리 등으로 분류하고 같은 카테고리 내에서 다시 컬러별로 배치하면 한결 정돈되어 보인다. 옷은 옷걸이에 걸든 가지런히 접어 포개어 놓든, 정리 방식과 상관없이 가급적 모든 아이템을 볼 수 있도록 배치해야 같거나 비슷한 제품을 추가로 구매하는 것을 막을 수 있고 옷을 스타일링할 때도 도움이 된다.

옷 걸기 vs. 옷 접기

일반적으로 옷을 접어 수납장에 포개어 놓는 것보다 옷걸이에 걸어 정리하는 것이 조금 더 쉬운 방법이다. 소재가 가볍거나 형태를 잡아야 하는 의류는 옷걸이에 걸어 보관하고 니트류처럼 두툼하고 늘어지기 쉬운 소재의 의류는 예쁘게 접어서 선반에 정리하는 것을 추천한다. 구겨지기 쉬운 소재의 하의는 가급적 옷걸이를 이용하고, 데님 바지처럼 접혀도 상관없다면 사용자의 정리 스타일에 맞게 선택하면 된다. 단, 옷 걸기를 선택한다면 가급적 옷걸이의 디자인을 모두 맞출 것을 권하고, 접기로 마음을 굳혔다면 '대충'이 아닌 정성스럽게 작업해야 정리되었다는 느낌을 받을 수 있다.

티셔츠 접는 방법

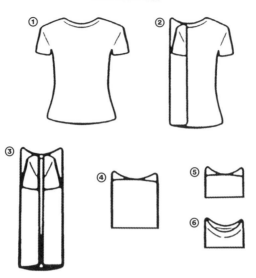

데님 바지 접는 방법

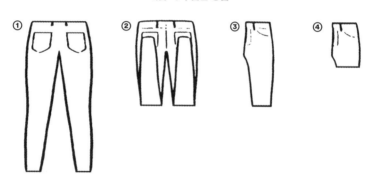

후디 접는 방법

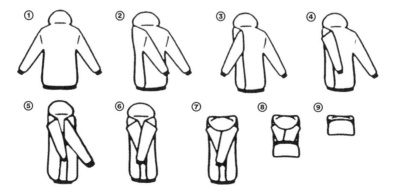

시스템 가구 또는 벽 고정 행어에 옷을 걸 때는 손이 닿기 쉬운 곳에는 지금 입을 수 있는 옷을, 위쪽에는 상의, 아래쪽에는 하의 이런 식으로 정리하는 것이 좋아요. 한겨울에 입는 두꺼운 코트와 패딩은 다른 옷들처럼 행어에 걸어두면 먼지가 쌓이고 변색될 우려가 있어요. 붙박이장 안에 넣어두거나 해당 시즌이 끝나면 세탁 후 의류 보관함에 맡기는 것도 방법이에요.

액세서리 정리하기

모자, 스카프, 벨트 등의 액세서리는 보관함을 이용하면 정리하기도 찾기도 쉽다. 보관함을 구입할 때는 통으로 된 것보다 일정한 크기로 혹은 여러 가지 크기로 섹션이 분리된 것을 선택해야 활용도가 높다. 스카프는 가볍게 말아, 벨트는 둥글게 감은 다음 버클이 위로 향하게, 모자는 형태가 무너지지 않도록 안쪽에 충전재를 채워 각 칸에 보관한다. 드레스 룸 공간이 협소하다면 보관함 대신 전용 옷걸이를 이용해 정리하는 방법도 있다.

비슷한 디자인과 사이즈의 모자, 스카프, 벨트는 옷걸이와 고리를 이용해 정리할 수 있다.

가방과 신발

가방을 스타일리시하게 정리하는 가장 좋은 방법은 백화점 매장처럼 칸막이로 분리된 선반에 정리하는 것이다. 가방은 옷만큼 자주 바꿔 사용하는 아이템이 아니기 때문에 선반 맨 위처럼 동선이 조금 멀어도 괜찮다. 공간에 선반을 놓을 수 있는 여건이 안 된다면 보관함을 이용하면 된다. 안이 훤히 들여다보이는 적층형 보관함을 여러 개 구입해 차곡차곡 쌓으면 선반의 역할과 기능을 대신할 수 있다. 제품 상자나 불투명 상자를 사용한다면 신발과 가방 사진을 찍어 상자 앞에 붙여두면 상자를 열어보지 않고도 원하는 아이템을 찾을 수 있다.

지속 가능한 정리를 위한 팁

정리 전문가들은 "잘 버리는 것이 정리의 성패를 가른다."고 입을 모은다. 비포/애프터가 확실한 드라마틱한 결과를 얻기 위해서는 과감하게 버리는 것을 선행해야 한다는 것에 동의한다. 하지만 인테리어 관점에서 보자면 물건은 곧 사용자의 정체성을 드러내는 수단이자 고유 스타일을 완성하는 도구이기 때문에 무조건 버리는 것만이 최선은 아니라고 생각한다. 애써 사 모은 물건을 '예쁜 쓰레기'로 전락시키지 않으려면 정리된 상태를 지속하려는 노력을 해야 한다. 또한 홈 스타일링에 어느 정도 뜻이 있다면 단순히 용도를 넘어서는 물건을 바라보는 관점이 필요할 것이다. 이를 위한 몇 가지 팁을 소개한다.

정리가 필요 없는 습관 들이기

집이 지저분한 이유는 집 자체의 문제가 아니라 그 집에 살고 있는 사람들의 생활 방식 때문일 것이다. 별다른 이벤트가 없는데도 집이 자주 어수선해진다면 사용한 물건을 바로 치우지 않을 확률이 높다. 앞서 소개한 정리 정돈의 순서에 따라 모든 물건에 각자의 자리를 만들어주었다면 사용한 후에는 바로 제자리를 찾아주려는 노력이 필요하다. 아침에 일어나자마자 침구를 정리하는 것을 습관화하면 별도의 시간을 따로 내지 않고도 늘 단정한 침실을 마주할 수 있다. 테이블 위나 의자 위 등의 공간은 잡다한 물건이 쌓일 가능성이 높은데, 조금 쌓였을 때 바로바로 제자리를 찾아주면 문제가 되지 않지만 정리 타이밍을 놓쳐 계속 쌓이게 되면 별도의 시간을 내 정리를 해야 하기에 결국 '일'이 되는 것이다. 물건을 제자리에 두는 이 작은 습관이 완벽하게 몸에 배면 따로 시간 내서 정리해야 할 이유가 없어진다.

정리가 어려울 때는 딱 한 곳만 정리하기

공간을 정리하는 일은 사람의 삶을 윤택하게 하고 상황에 따라서는 마음까지 치유할 수 있다. 또한 정리 수납만 제대로 해도 인테리어 효과나 홈 스타일링을 한 듯한 느낌을 얻을 수 있다. 하지만 정리 정돈에 서툰 사람이라면 '정리'라는 단어 자체가 부담으로 다가올 수 있다. 그럴 때는 모든 곳을 완벽하게 정리하겠다는 압박감을 버리고 딱 한 곳만 깨끗하게 치우는 것을 목표로 하는 것이 좋다. 예를 들어 거실의 티 테이블 위, 이런 식으로 실천 가능한 범위를 정하고 그곳만은 매일 깨끗하게 치운다. 이 과정을 통해 정리의 묘미를 알게 될 것이고 익숙해지면 조금씩 범위를 넓혀 가면 된다.

나를 위한 공간 비워두기

물건을 통해 나의 취향을 드러내고 싶어도 그걸 보여줄 수 있는 적절한 공간이 있어야 가능하다. 예컨대 거실의 선반 위에 화병이나 향기 소품, 오브제 등을 적절하게 배치하고 싶은데 이미 그곳에 정체 모를 물건들이 가득 쌓여 있다면 스타일링을 시도하는 것조차 어려울 것이다. 현관의 선반 위, 거실 한쪽에 둔 스툴이나 탁자 위 등 누구나 잘 볼 수 있는 곳에 자신의 취향을 드러낼 수 있는 공간을 비워두자. 쾌적하게 정돈된 공간에서 시시때때로 좋아하는 물건을 바꿔 놓으며 정리의 중요성과 더불어 자기만의 취향을 기르는 훈련을 할 수 있을 것이다.

Part 7

색의 이해

색조표

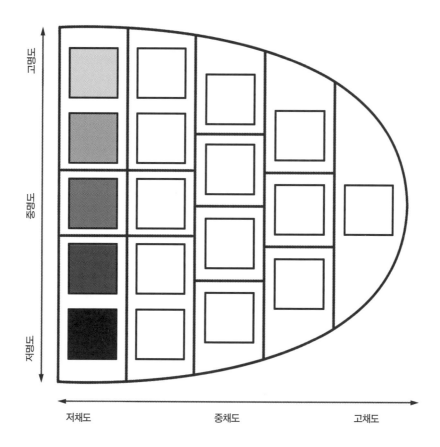

우리가 일반적으로 색을 표현할 때 색이 강하다거나 약하다 또는 짙거나 연하다고 말한다. 이를 색조라고 하며 영어로 톤tone이라 한다. 톤이 높다는 것은 명도와 채도가 높다는 것으로 밝고 선명하다는 의미다. 반면 톤이 낮은 것은 명도와 채도가 낮아 어둡고 탁하다는 뜻이다.

모든 공간은 저마다의 색을 가지고 있다. 하양, 검정 같은 무채색일
수도 있고 노랑, 파랑 등의 톡톡 튀는 유채색일 수도 있다. 공간에
색을 입히는 것은 사람이 색조 화장을 하는 것과 같다. 아이섀도,
립스틱, 블러셔 등을 사용한 색조 화장의 여부에 따라, 혹은 어떤
색을 선택했는지에 따라 사람의 인상이 달라 보이듯, 공간의
이미지 역시 색감의 진함과 연함, 밝기 등에 영향을 받는다.
그레이 컬러가 주를 이룬 공간에서는 차분하고 편안한 느낌을
받을 것이고, 핑크 컬러가 포인트인 공간에서는 유쾌함과 발랄함
그리고 로맨틱함을 느낄 수 있을 것이다. 홈 스타일링 프로세스
중 가장 먼저 이루어지는 톤 앤 매너tone and manner의 톤은 바로
공간의 색을 의미한다.

색상환

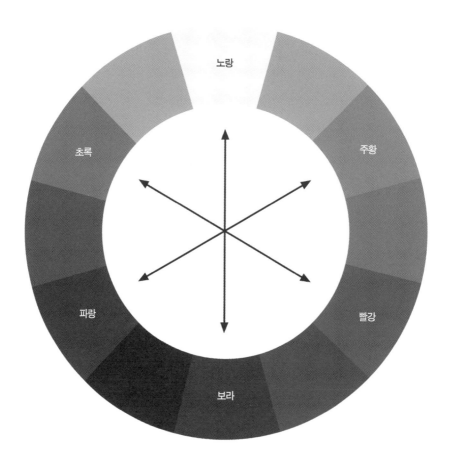

노랑

주황

초록

빨강

파랑

보라

색상환에서 서로 인접해 있는 색을 '유사색', 마주 보고 있는 색을 '보색'이라고 한다. 일반적으로 유사색을 함께 사용했을 때는 편안하고 단조로우며, 보색을 사용하면 강렬한 인상을 남길 수 있다.

색의 기초

빨강이라고 다 같은 빨강이 아니다. 밝고 산뜻한 선홍색부터 짙고 무거운 느낌의 버건디까지 빨강의 레이어는 매우 다양하다. 오죽하면 하늘 아래 같은 컬러는 없다고 할까. 성공적인 홈 스타일링을 위해 색의 기초와 미세한 색의 차이를 이해하는 시간을 가져보자.

색의 종류

먼저 삼원색이 있다. 삼원색은 색의 혼합을 통해 여러 가지 색을 만들 수 있는 세 가지 기본색으로 빨강, 파랑, 노랑이 여기에 속한다. 이들 중에 두 가지 색을 일정한 비율로 섞어 얻을 수 있는 주황, 초록, 보라를 2차색이라고 한다. 이렇게 나온 2차색을 다시 삼원색 중에 가까이 있는 색과 혼합하면 자주, 남색, 청록, 연두, 다홍, 귤색을 얻을 수 있는데 이를 3차색이라고 한다.

그리고 삼원색, 2차색, 3차색의 12가지 색을 원 모양으로 배열한 색상환은 색 사이의 관계를 설명한다. 우리는 이 색상환을 통해 어떤 색이 서로 잘 어울리는지, 경쟁하는 경향이 있는지 등과 같은 정보를 얻을 수 있다. 또한 색상환에서 서로 이웃하며 그 색의 바탕에 공통된 성질을 가지고 있는 색을 '유사색'이라고 한다. 예를 들어 주황의 유사색은 빨강과 노랑, 노랑의 유사색은 주황과 초록 따위가 된다.

명도와 채도

앞서 설명한 색상에 명도, 채도를 합쳐 색의 3요소 또는 색의 3속성이라고 한다. 먼저 명도는 색상의 밝은 정도를 말한다. 명도가 높으면 '색이 밝다', 명도가 낮으면 '색이 어둡다'고 표현하며 명도가 가장 높은 색은 하얀색, 가장 낮은 색은 검은색이다. 명도는 색의 3요소 중에서 유일하게 유채색과 무채색에 모두 존재한다(참고로 색상은 유채색에만 존재한다). 반면 채도는 색상의 선명함을 나타내는 것으로 채도가 낮으면 '탁하다', 채도가 높으면 '선명하다'고 표현한다. 채도가 가장 높은 색은 위에서 언급한 기본 색상을 말한다. 채도는 유채색에만 존재하며 순색에 무채색을 섞으면 채도가 낮아진다. 일반 가정에서 채도가 높은 색을 배경색으로 사용하면 질리기 쉬우므로 포인트 컬러로 사용하는 것을 추천한다.

따뜻한 색과 차가운 색

공간을 꾸밀 때 직관적인 색상을 잘 아는 것도 중요하지만 색이 가진 느낌, 분위기를 이해하는 것도 필요하다. 색감은 누군가의 다운된 기분을 끌어올리고 스트레스를 덜어주며 숙면에 도움을 줄 수 있다. 따라서 색의 온도를 잘 이해하고 사용하면 공간의 외관뿐만 아니라 기능적인 측면을 설계하는 데도 도움을 받을 수 있다. 따뜻한 색(웜 톤warm tone)은 빨강, 노랑, 주황 계열로 열정, 흥분 등의 단어가 떠오른다. 따뜻한 감정을 전달해 여유로움을 주는 색이다. 반대로 파랑, 초록, 보라 등이 대표적인 차가운 색(쿨 톤cool tone)은 차분, 진정, 상쾌 등의 단어를 떠오르게 한다. 따뜻한 색상은 놀이방처럼 활동적인 공간에 적합하고, 집중력이 필요한 공부방은 차분하고 편안한 느낌을 주는 차가운 계열의 색이 더 잘 어울린다.

Mentor's tip

같은 흰색이지만 병원에서 사용하는 흰색은 파란 기가 살짝 도는 쿨 톤, 주거 공간에서 선호하는 흰색은 노란 기가 살짝 도는 웜 톤이에요. 그래도 색의 온도를 이해하기 어렵다면 피부 표현을 떠올려 보세요. 파운데이션을 고를 때도 웜 톤, 쿨 톤이 존재하잖아요? 내 피부색과 조화를 이룰 때 얼굴은 생기 있고 화사해 보이고, 반대로 잘 맞지 않는다면 피부 결이 거칠어 보이고 칙칙한 인상을 만들기도 하지요. 이처럼 색의 온도는 화장품 파운데이션처럼 장점은 부각하고 단점을 커버하는 역할을 한다고 이해하면 돼요. 만약 스스로 어떤 톤을 선호하는지 모르겠다면 페인트 회사에서 출시하는 컬러 칩을 보면 도움을 받을 수 있어요. 도전하고 싶은 컬러를 선택한 뒤 컬러 칩을 보며 디테일을 잡아가면 돼요.

스타일링 잘하는 비법, 배색

배색은 쉽게 말해 색의 짜임을 말한다. 미적 효과를 위해 여러 가지 색을 의식적으로 짜서 맞추는 작업을 의미한다. 효과적인 배색을 하기 위해서는 주관적인 배색이 되지 않도록 주의해야 한다. 색채에 대한 트렌드를 잘 파악해 색채와 함께 재질, 면적, 조명 등의 효과를 종합적으로 고려하는 것이 좋다. 같은 색의 조합이더라도 색 면적의 크기나 비율, 위치에 따라 영향을 주기 때문에 기본색과 보조색을 각각 정해 색을 사용하면 더욱 안정감을 줄 수 있다.

Mentor's tip

컬러 트렌드 관련 정보는 팬톤(www.pantone.com)이나 핀터레스트(www.pinterest.kr)에서 쉽게 얻을 수 있어요. 실제로 홈 스타일링을 할 때 어울리는 색에 대한 정보를 얻고 싶다면 벤저민무어(www.benjaminmoore.com)와 어도비(color.adobe.com) 사이트를 추천해요. 벤저민무어에서는 컬러 검색 기능을 통해 원하는 색상을 찾을 수 있고 해당 컬러를 클릭하면 추천하는 컬러 조합, 유사색, 조명에 따른 색감의 변화 등 실제 홈 스타일링할 때 유용한 정보를 얻을 수 있어요. 어도비에서는 왼쪽의 '보색' 탭을 클릭하면 어울리는 5가지 색상을 추천해 주는데 실제 색을 조합할 때 아주 유용해요.

톤 온 톤과 톤 인 톤

배색을 논할 때 가장 많이 듣는 단어 중 하나인 톤 온 톤tone on tone은 동일 색상 내에서 톤의 차이를 두는 것을 말한다. 초보자도 무난하게 시도할 수 있는 톤 온 톤 배색은 한 색상을 정한 뒤 명도와 채도를 다르게 조합하는 것으로 그러데이션과 같은 개념이다. 예를 들어 선명한 빨강과 탁한 빨강, 어두운 빨강을 함께 사용하는 식이다. 동일한 컬러를 사용하기 때문에 통일성이 유지되고 이로 인해 차분함과 안정감뿐만 아니라 세련된 느낌을 준다. 단점은 비슷한 색이 반복되면 자칫 지루하거나 단조로워 보일 수 있다는 것. 이럴 때는 강조색을 넣거나 배색하는 아이템의 재질을 달리하는 것을 추천한다. 톤 온 톤이 같은 색상, 다른 톤이라면 톤 인 톤tone in tone은 다른 색상, 같은 톤을 의미한다. 톤 인 톤 배색은 톤은 같지만 서로 다른 색상을 조합하는 방식으로 페일 톤의 빨강, 페일 톤의 파랑, 페일 톤의 노랑을 함께 사용하는 식이다. 컬러의 변화가 있어 조금 더 개성 있는 스타일링을 완성할 수 있고 색상의 차이가 큰 배색일수록 화려하고 선명한 표현이 가능하다. 다만 많은 색을 한꺼번에 사용하는 경우에는 자칫 공간이 정돈돼 보이지 않을 수 있으니 주의해야 한다.

Mentor's tip _____

일반적인 톤 온 톤 배색은 '단조롭다', '뻔하다'는 느낌이 강하지만 질감을 다채롭게 구성하면 촌스러운 '깔 맞춤'이 아닌 이질감 없는 세련된 연출이 가능해요. 소파를 빨간색 톤 온 톤 배색으로 스타일링한다고 가정해 볼까요? 어두운 빨강의 소파, 선명한 빨강의 쿠션, 탁한 빨강의 담요 식으로 모두 적색 계열의 색을 선택하되 각 아이템의 재질을 모두 달리하는 거예요. 예를 들어 소파는 자카르, 쿠션은 벨벳, 담요는 코튼 이런 식으로 말이죠.

톤 온 톤 vs. 톤 인 톤

톤 온 톤

톤 인 톤

톤 온 톤은 같은 색의 톤이 다른 배색을 말한다. 즉 한 가지 컬러로 구성하되 밝기나 짙음 정도가 조금씩 다른 조합이다. 반면 톤 인 톤은 같은 톤의 배색을 뜻한다. 명조와 채도가 같다면 다양한 색을 섞었을 때도 충분히 조화로울 수 있다.

공간의 색 배분

안정적인 공간을 연출하기 위한 색 배분은 배경색 70%, 주요색 25%, 강조색 5% 정도가 적당하다. 배경색은 바닥, 벽, 천장 등과 같이 공간 대부분을 차지하는 곳에 적용하는 색으로 일단 결정하면 쉽게 바꾸기 어려우므로 신중하게 선택해야 한다. 눈에 띄는 강한 색보다는 오래 두고 보아도 좋은 편안한 느낌의 내추럴 색상을 추천한다. 집의 구조가 답답하거나 면적이 좁은 경우에는 밝은색을 선택하면 넓어 보이는 효과를 기대할 수 있다. 주요색은 소파, 커튼 등과 같이 배경색보다 적은 면적을 차지하는 패브릭 제품 또는 가구에 많이 쓰인다. 공간의 이미지를 결정하고 분위기를 주도하는 색으로 러그, 커튼, 소파 커버 등을 이용해서 실내 분위기를 변화시킬 수 있다. 공간에 활력을 불어넣는 역할을 하는 강조색은 쿠션, 소품, 잡화 등 부피가 작은 물건으로 표현할 수 있다. 자신만의 개성을 드러내고 싶다면 배경색 또는 주요색과 비슷한 색을 고르기보다는 과감하게 반대색을 고르는 것이 낫다.

Mentor's tip

공간의 색 배분이 완벽하지 않더라도 실망할 필요는 없어요. 2% 부족한 감각은 조명으로 충분히 보완할 수 있으니까요. 밝은색을 지나치게 사용해 공간이 차갑거나 경직돼 보이면 노란빛을 띠는 전구를 선택하면 좋아요. 조명에 대한 보다 자세한 정보는 〈Part 1 조명〉에서 확인해 주세요.

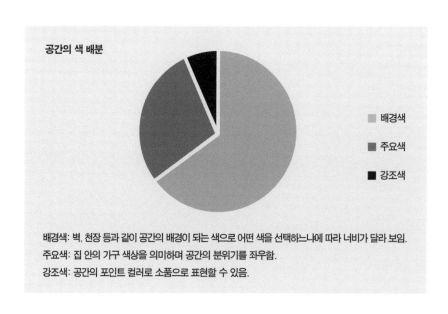

공간의 색 배분

■ 배경색
■ 주요색
■ 강조색

배경색: 벽, 천장 등과 같이 공간의 배경이 되는 색으로 어떤 색을 선택하느냐에 따라 너비가 달라 보임.
주요색: 집 안의 가구 색상을 의미하며 공간의 분위기를 좌우함.
강조색: 공간의 포인트 컬러로 소품으로 표현할 수 있음.

색채 인테리어를 할 때 유의점

색에 대한 기본기를 다졌다면 이제 내 집에 어떻게 적용할 수 있을까 고민할 차례이다.
모든 일이 그러하듯, 집을 꾸미는 일 역시 모르면 모르는 대로 충분히 가능하지만
따지고 들면 확인해야 할 것이 한두 가지가 아니다. 셀프로 홈 스타일링을 할 때 알고
있으면 유용한 내용을 정리해 보았다.

페인트의 광택: 유광 vs. 무광

집 안을 스타일링할 때 색을 내는 재료가 페인트라면 광택의 유무도 지대한 영향을
미친다. 기본적으로 페인트는 물에 녹는 성질의 수성 페인트와 에나멜 성분의 유성
페인트로 나뉜다. 수성 페인트는 냄새가 덜하고 친환경적인 제품이 많은 반면 유성
페인트는 높은 광택을 내고 표면이 매끄러운 것이 특징이다. 유성 페인트의 유해성
논란과 더불어 수성 페인트의 제품력이 좋아진 덕분에 실내 인테리어 용도로 유성
페인트는 거의 사용하지 않고 있다. 수성 페인트는 두루 활용이 가능한 일반 수성
페인트를 비롯해 가구용, 벽체용, 방문용 등으로 용도가 나뉘어 있어 페인트 가게
직원과 충분히 상담한 후 제품을 고르는 것이 좋다. 용도에 맞는 광도를 선택하는 것도
중요하다. 새틴satin, 반광semigloss, 유광gloss 같은 반짝이는 마감재는 청소하기
쉽지만 빛 반사가 심하고 무광(매트matte)이나 에그셸eggshell(저광) 마감재는
빛을 덜 반사하지만 청소하기는 까다로울 수 있다. 벽체에는 무광과 에그셸, 문이나
가구에는 반광, 오염이 심한 싱크대나 신발장 같은 경우는 유광을 선택하는 것이
일반적이니 참고하자.

배색에 자신이 없으나 다양한 색을 사용하고 싶을 때

배경색으로 그레이 컬러를 선택한다. 회색은 모든 색을 다 받아낼 수 있는 색이라고
감히 말하고 싶다. 대다수의 인테리어 전문가들은 아이 방에 그린 또는 블루를
배경색으로 쓰라고 조언하지만 나는 라이트 그레이를 추천한다. 연한 회색을 기본
컬러로 하면 아이가 좋아하는 어떤 색도 마법처럼 조화롭게 어우러진다. 자주
스타일링을 바꿀 계획이라면 웜 톤의 화이트 컬러를 배경색으로 하고 소품으로 컬러
포인트를 주는 것이 좋다. 거실 스타일링의 경우에는 쿠션, 오브제, 식물 등 공간
곳곳에서 초록색이 눈에 띈다면 그게 이 집의 컬러 포인트가 된다.

좋은 아이디어가 떠오르지 않을 때

인테리어 디자이너마다 영감을 얻는 방법은 다양할 테지만 나는 색채 아이디어를 얻고 싶을 때 미술 작품을 감상하는 편이다. 작가의 그림을 통해 의외의 배색을 발견할 때가 많기 때문이다. 색채 인테리어를 해보고 싶은데 아직 이렇다 할 콘셉트를 찾지 못했다면 지금 바로 미술관에 방문할 것을 추천한다. '아, 이런 색과 이렇게 잘 어우러질 수 있구나.' 하며 무릎을 탁 치는 순간이 올 것이다.

포인트 벽 연출 팁

소소한 변화로 드라마틱한 효과를 얻고 싶다면 포인트 벽만 한 것이 없다. 최근 재치 있고 재미있는 일러스트 작품을 담은 벽지가 출시되고 페인트 제품의 퀄리티가 업그레이드되면서 한쪽 벽면을 꾸미는 인테리어가 다시 각광받고 있다. 과거에는 주로 거실 전체를 포인트 벽으로 활용했다면, 최근에는 방의 한 면을 포인트로 활용하고 몬스테라나 꽃 등 자연물을 주제로 한 벽지를 선호하는 추세다. 패턴이 크게 인쇄된 벽지를 사용할 때는 높이가 낮은 가구를 매칭하는 것이 전체적인 밸런스 유지에 도움이 된다. 또한 너무 좁은 공간에 거친 질감과 큰 패턴의 벽지를 사용한다면 공간이 더 좁아 보일 수 있으니 주의해야 한다.

소품으로 컬러 포인트 주는 방법

가구 또는 소품으로 컬러 포인트를 주고 싶다면 부피가 큰 것보다는 작은 것을 여러 개 사용할 것을 추천한다. 강한 컬러의 소파를 선택하면 추후에 스타일을 바꿀 때 제약이 따를 수밖에 없다. 덩치가 큰 가구 대신 협탁, 의자 등의 소가구나 화기, 화분, 그림 등에 컬러 포인트를 주는 것을 추천한다. 부피가 작은 가구와 소품은 한꺼번에 모아두면 부피가 큰 가구의 효과를 충분히 낼 수 있고 필요에 따라 따로 떼어 사용할 수 있어 활용도도 높다. 만약 강렬한 컬러의 부피 큰 가구를 이미 선택했다면 작은 소품은 보색 컬러를 선택하는 것도 방법이다.

나만의 컬러를 찾는 팁

어떻게 하면 자신만의 색을 찾을 수 있느냐는 질문을 종종 받는다. 결론부터 말하자면 색을 사용하는 것에 대해 두려워하지 말고 과감하게 도전하라는 것이다. 뻔한 색을 사용하면 시작부터 막힐 수밖에 없다. 톤 온 톤, 톤 인 톤 등의 기본 배색법뿐만 아니라 색상환에서 대각선의 색 매칭도 직접 경험해 보며 자신만의 색을 찾아갔으면 한다. 페인트 회사에서 발행하는 컬러 칩을 하나 정도 가지고 있으면 색을 이해하는 데 여러모로 도움을 받을 수 있다. 조색 아이디어도 얻고 성공적인 배색을 위한 컬러 매칭도 가능하다.

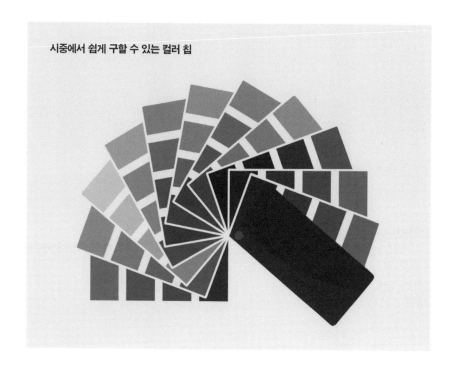

시중에서 쉽게 구할 수 있는 컬러 칩

Create a concept board

성공적인 홈 스타일링을 위한
콘셉트 보드 만들기

콘셉트 보드란?

인테리어, 브랜드, UXUI, 패션 등을 총망라한 디자인 업계에서 흔히 쓰는 무드 보드mood board라는 것이 있다. 말 그대로 원하는 무드(분위기)를 설명하기 위해 그에 부합하는 이미지, 텍스트, 사진 등 시각적 요소를 하나의 보드에 콜라주하여 표현하는 것을 말한다. 이것을 보고 나면 '아, 이런 느낌이구나'를 알게 되고 이를 바탕으로 본격적인 콘셉트 설정에 들어간다. 내가 말하는 콘셉트 보드concept board 역시 무드 보드와 다르지 않다. 다만 인테리어 잡지나 서적에서 추상적인 이미지를 모아 무드 보드를 만들었던 과거와 달리 SNS에 몇 가지 검색어를 넣으면 원하는 제품 이미지, 좋아하는 스타일을 바로 찾을 수 있는 시대가 된 만큼 분위기를 넘어 조금 더 명확한 콘셉트를 표현했으면 하는 바람에서 콘셉트 보드라는 용어를 사용하고 있다.

콘셉트 보드는 왜 필요한가?

콘셉트 보드는 머릿속에 있는 이미지를 시각화함으로써 이상과
현실의 간극을 최소화해 결과물에 대한 만족도를 높일 수 있기
때문에 필요하다. 또한 홈 스타일링에 대한 영감을 자극하고
아이디어를 시각적으로 형상화하는 데 이만한 도구가 없기
때문이기도 하다. 시도해 보고 싶은 스타일이 많을수록, 혹은
자신이 원하는 스타일이 무엇인지 모를수록 스타일링하기 전에 이
콘셉트 보드를 만들라고 조언하고 싶다. 특정 공간을 마감재부터
작은 소품까지 모두 바꿀 계획이라면 '0'에서 시작해 각 파트의
아이템을 원하는 스타일대로 채우면 되고, 일부만 바꾼다면 보유
아이템과 새로 들일 아이템을 시각화한 다음 보드에 올려 그
안에서 조화를 찾으면 된다.

콘셉트 보드는 어떻게 만들까?

자신이 원하는 콘셉트가 무엇인지 한눈에 볼 수만 있다면 어떤 방법도 괜찮다. 여전히 아날로그 방식을 선호해 원하는 이미지를 보드에 콜라주하기도 하고 포토샵 등의 프로그램을 이용해 디지털로 제작하기도 한다. 사실 형식은 별로 중요하지 않다. 머릿속에 있는 콘셉트를 시각적으로 표현할 수만 있다면 인스타그램의 저장하기 기능을 이용해 원하는 스타일을 모으는 것만으로도 충분하다.

Step 1 시간 날 때마다 좋아하는 이미지 저장하기

나만의 스타일은 한순간에 갖게 되는 것이 아니다. 수시로 온·오프라인 인테리어 이미지를 찾아보며 안목을 높이는 과정이 필요하다. 웹 서핑을 하다가, SNS 소통을 하다가 마음에 드는 이미지를 발견하면 바로바로 저장한다. 여러 디바이스에 나눠 저장하기보다는 접근성이 가장 좋은 휴대폰 '사진' 앱을 이용해 폴더링하는 것을 추천한다. 실물은 직접 촬영하고 이미지 저장이 안 되는 것은 캡처해서 소분류된 폴더에 그때그때 정리해야 필요할 때 언제든지 손쉽게 꺼내 볼 수 있다.

Step 2 추구하는 컬러와 톤 찾기

사람마다 안정감을 느끼는 색은 모두 다르다. 그리고 내가 좋아하는 컬러와 우리 집에 어울리는 컬러 역시 다를 수 있다. 셀프 인테리어에 도전할 때 가장 많이 하는 작업이 시트지를 씌우거나 페인트를 이용해 기존 색을 바꾸는 것이다. 누구나 할 수 있는 작업이지만 무턱대고 도전하기보다는 콘셉트 보드를 만듦으로써 새로운 색감이 전체 분위기, 마감재, 가구 등과 어울리는지 사전에 점검할 수 있다. 이 단계에서 'Part 7 색의 이해'에서 언급한 배경색, 주요색, 강조색을 정하고 나아가 효과적인 배색에 대해서도 고민해 본다.

Step 3 보유할 가구 리스트 정리하기

홈 스타일링을 할 때 부피가 큰 가구를 새로 구매하는 경우는 드물다. 하지만 부피가 큰 가구일수록 공간 스타일에 미치는 영향은 지대하다. 스타일링할 공간에 둘 가구의 실물 사진을 찍거나 비슷한 상품 이미지를 저장해 콘셉트 보드에 둔다. 만약 보유할 것과 새로 구매할 것을 결정하지 못했을 때도 이 방법이 어느 정도 도움이 된다. 모든 가구 이미지를 보드에 올린 뒤 공간의 컬러, 마감재, 다른 가구 및 소품과의 조합을 따져 보유할 것과 버릴 것을 추릴 수 있기 때문이다.

Step 4 취향 담은 소품 찾기

홈 스타일링의 꽃, 화룡점정 소품은 임팩트 있는 것을 고르는 것이 좋다. 제대로 된 인테리어 소품은 이 공간, 저 공간을 옮겨 가며 활용하기 좋기 때문에 부피가 작다고 소홀히 여기지 않았으면 한다. 제품군을 아는 것보다는 브랜드나 디자이너명을 알고 있는 것이 훨씬 더 유리하다. 예를 들어 '목각 인형'보다는 '카이 보예센', '루시카스'로 검색해야 원하는 정보를 신속 정확하게 얻을 수 있다.

Step 5 마감재 결정 후 모두 보드에 담기

홈 스타일링 시 마감재 전체를 변경하는 경우는 드물다. 스타일링할 공간의 벽지, 바닥, 타일 등 마감재의 소재와 느낌을 알 수 있는 이미지를 정리한 후 앞서 설명한 컬러, 가구, 소품을 모두 보드 위에 나열한다. 만약 마감재를 바꿀 계획이라면 원하는 느낌의 마감재를 찾아 함께 올리면 된다. 가장 중요하게 생각하는 요소를 크게 표현하거나 중앙에 배치해 가장 눈에 띄도록 한다. 가급적 전체적인 분위기는 통일성이 있어야 하고 이미지와 텍스트는 간결하고 명료할수록 좋다.

콘셉트 보드 만들기

가구, 소품, 마감재, 식물, 그림 등 좋아하는 아이템을 나열하는 것만으로도 홈 스타일링 콘셉트를 잡는 데
어느 정도 도움이 된다.

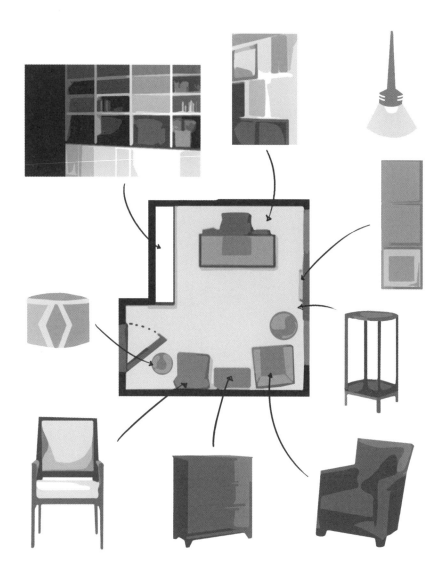

간직할 가구, 구입할 가구가 어느 정도 정해지면 실물 이미지를 저장 또는 출력해서 원하는 장소에 배치해 본다.

콘셉트 보드를 쉽게 만들 수 있도록 도움을 주는 사이트

포토샵이나 일러스트 등의 툴을 잘 다루지는 못하지만 PC 또는 패드를 이용해 멋지게
콘셉트 보드를 만들고 싶다면 아래 사이트를 방문해 보자.

핀터레스트 www.pinterest.co.kr

수많은 이미지들의 저장소인 핀터레스트는 관심 있는 이미지를 검색하고 그 이미지들을
원하는 주제에 맞게 보관할 수 있는 것이 가장 큰 장점이다. 검색어를 넣어 원하는
이미지를 쉽게 찾을 수 있고 해당 이미지를 클릭해 출처가 된 사이트를 방문할 수도
있다. 또한 핀터레스트의 알고리즘을 통해 관심 분야 이미지를 지속적으로 보여주므로
아이디어를 확장할 때 큰 도움이 된다. '부엌 인테리어'를 주제로 보드를 만든다고
가정하면 '부엌 가구', '소형 가전', '소품' 이런 식으로 섹션을 분류해 저장하면 추후에
필요한 자료만 찾아보기 편하다. 또한 이미지 속 오른쪽 하단의 '돋보기' 아이콘을
클릭해 특정 이미지를 찾을 수도 있다. 예를 들어 부엌 이미지에서 마음에 드는
커트러리를 발견했다면 이 아이콘을 클릭해 해당 커트러리 관련 이미지를 추가로
찾을 수 있다. 이런 식으로 좋아하는 이미지를 모으다 보면 본인의 취향을 알아가는 데
도움이 된다.

스타일소스북 stylesourcebook.com

홈 스타일링 콘셉트 보드에 최적화되어 있는 사이트로 드래그 앤 드롭을 통해 누구나
쉽게 보드를 만들 수 있다. 오른쪽 상단의 'Create a Mood Board' 탭을 클릭하면
회원 가입 없이 누구나 보드 생성이 가능하다. (다만 보드 저장과 이미지를 불러오기
위해서는 회원 가입이 필수다.) 가운데 있는 보드에 왼쪽 탭에서 원하는 스타일의 가구,
소품, 마감재 등을 끌어와 원하는 곳에 두고 사이즈 역시 조절할 수 있다. 사이트에서
제공하는 모든 이미지는 누끼 형태로 과거 우드 보드에 만들었던 콘셉트 보드를 그대로
옮겨 온 기분마저 든다. 조금 더 현실적인 보드를 만들기 위해서는 홈 스타일링을
할 공간의 이미지를 촬영한 후 해당 사이트로 불러와 함께 보드에 올려 서로 얼마나
조화로운지 균형을 맞춰보면 된다. 이 사이트의 또 다른 장점은 다른 사람이 만들어놓은
보드를 확인할 수 있다는 것이다.

밀라노트 milanote.com

조금 더 시원한 구성의 콘셉트 보드를 만들고 싶다면 밀라노트를 추천한다. 먼저
보드를 생성한 후 원하는 템플릿을 선택한다. 보드에 저장된 이미지를 불러올 수도
있고 웹 서핑 중 마음에 드는 이미지를 복사한 후 붙여넣기도 가능하다. 불러들인
이미지는 사이즈 조절과 이동이 자유롭고 메모도 할 수 있다. 외국 사이트이긴 하지만
사용법이 직관적이고 기능도 비교적 단순한 편이라 원하는 형태로 자유롭게 보드를
구성할 수 있다. 아직 스타일 콘셉트를 정하지 않았다면 머릿속에 떠돌아다니는 수많은
이미지를 이 보드 위에 올려 필요한 것과 불필요한 것, 어울리는 것과 그렇지 않은 것을
걸러내며 범위를 좁히는 것도 좋은 방법이다. 유료 버전도 있지만 홈 스타일링 콘셉트
보드용이라면 무료 버전도 충분하다.

Interior styling terms

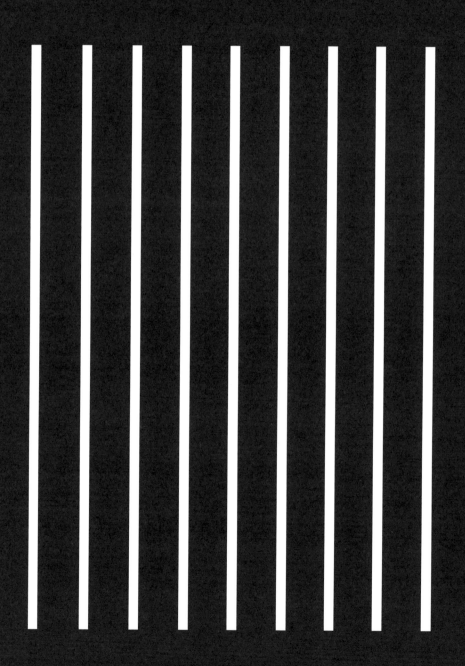

알아두면 좋은 인테리어 용어

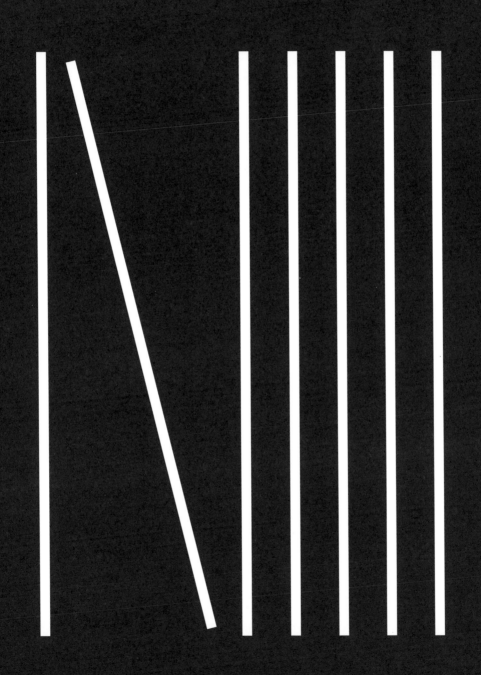

아는 만큼 보이는 법. 셀프를 포함해 인테리어 공사할 때 한 번쯤 들어볼 법한 현장 용어를 정리했다. 아래에서 소개하는 용어를 익혀두면 당장 공사를 하지 않더라도 관련 사례를 공부할 때 도움이 될 것이다.

UBR 욕실

UBR은 'Unit Bath Room'의 약자로 모듈 형태의 욕실을 말한다. 욕실을 구성하는 모든 부품을 통으로 생산해 현장에서 조립하는 방식으로 벽과 바닥이 모두 방수 플라스틱 소재로 되어 있다. 아파트 건축 시 시간과 비용을 줄일 수 있으나 개조 공사를 할 때 타일 덧방이 안 되는 단점이 있다.

걸레받이(baseboard)

바닥 몰딩이라고도 불리며 바닥과 만나는 벽의 하단부를 따라 보호대 겸 장식 몰딩 한 것을 말한다. 바닥 청소할 때 벽면의 더러움을 막고 신발 등에 의한 손상을 방지하는 한편 벽과 바닥의 마무리에서 생기는 틈을 감추는 역할도 한다. 재료로는 목재, 석재, 타일 등을 사용한다.

덧방과 떠붙임

타일 시공에 사용되는 용어로 덧방은 기존의 타일 위에 타일 본드를 이용해 새로운 타일을 부착하는 방식을 말한다. 기존 타일을 철거하지 않고 새로운 타일을 덧대기 때문에 공사 비용과 시간을 절약할 수 있지만 단차가 줄어 욕실 물이 넘칠 수도 있다. 떠서 발라 붙인다는 뜻으로 떠발이라고도 불리는 떠붙임은 모르타르(시멘트에 모래를 섞고 물로 갠 것)를 타일 뒤에 발라 붙이는 방식을 말한다. 타일을 철거한 뒤 시멘트 벽면이나 벽돌 면처럼 마감이 고르지 않을 때도 시공이 가능하며 접착성이 뛰어나 완성도가 높은 것이 특징이다. 숙련도 높은 전문가가 할 수 있는 작업이기 때문에 결과물에 대한 만족도 차이가 큰 것이 특징이다.

데코 타일

흙으로 구운 도자기 재질이 아닌 PVC 수지에 원목, 대리석 등의 패턴 필름지를 붙인 후 코팅 처리한 타일을 말한다. 디자인이 매우 다양하고 시공 방법이 간단해 셀프로도 시공이 가능하다. 접착 방식으로 분류하면 시트지처럼 접착제가 묻어 있는 접착식과

일일이 접착제를 발라 작업해야 하는 비접착식이 있다. 형태로 분류하면 정사각형과 좁고 긴 직선 모양인 우드 타일이 있다.

루버louver

길고 가는 판재를 수평이나 수직 혹은 격자 모양으로 일정한 간격을 두어 배열해 창가에 설치하는 것으로 현장에서는 '루바'로도 불린다. 루버 셔터는 완전 개폐가 가능하며 채광이나 통풍을 원하는 대로 조절할 수 있다. 밖에서는 실내가 들여다보이지 않고, 실내에서는 밖을 내다보는 데 불편함이 없는 것이 특징이다.

완전 개폐가 가능한 루버 셔터

망입 유리

두꺼운 판유리에 철망을 넣은 것으로 일반 유리보다 내구성이 좋아 높은 강도가 필요한 중문, 3연동 도어, 스윙 도어에 주로 사용된다. 외관상으로 보면 벌집 모양의 디자인이 특징이다.

아트 월art wall

말 그대로 아트art와 벽을 의미하는 월wall의 합성어로 벽면을 다양한 요소로 개성 있게 장식한 것을 말한다. 취향에 따라 패브릭, 우드, 스톤, 유리 등 여러 가지 소재로 장식할 수 있으며 화려한 색채나 조명을 넣기도 한다. 일반적으로 아트월은 현관, 복도, 거실 등의 공간에 포인트를 주는 용도로 활용된다.

몰딩; 갈매기 몰딩, 평 몰딩, 마이너스 몰딩, 무몰딩

사전적인 의미는 창틀이나 가구 따위의 테두리를 장식하는 방법이지만 현장에서는 수평면과 수직면이 만나는 모서리 부분을 깔끔하게 마감하기 위해 사용되는 띠 모양의 자재를 의미한다. 면과 면이 닿는 부분에 생기는 틈과 경계선을 깔끔하고 자연스럽게 만들어주기 위한 마감 방법이다. 몰딩의 형태는 크게 천장과 벽이 만나는 지점에 시공하는 천장 몰딩, 바닥과 벽이 만나는 지점에 시공하는 바닥 몰딩이 있다. 천장 몰딩에는 벽과 천장을 45도 각도로 시공해 곡면이 살아 있는 갈매기 몰딩(크라운 몰딩), 반대로 곡선이 없이 무난한 평 몰딩, 벽이나 천장 안쪽으로 석고보드 작업을 해 몰딩을 안으로 숨겨 깔끔함이 장점인 마이너스 몰딩이 있다. 한때 미니멀 인테리어 붐이 일었을 때 유행했던 무몰딩은 말 그대로 몰딩을 생략한 것으로 벽지를 시공할 때 이음새가 눈에 띌 수 있기 때문에 천장과 벽면을 고르게 하는 밑작업이 필요하다.

갈매기 몰딩   평 몰딩   마이너스 몰딩

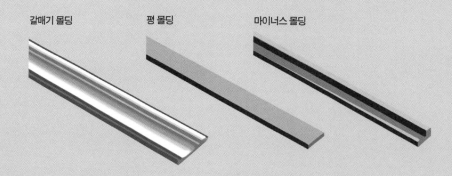

우물 천장

반자틀을 우물 정(井) 자 모양으로 짜 만든 천장으로 쉽게 말하면 매끈한 형태가 아닌 우물처럼 패여 있는 천장을 말한다. 천장 중앙을 파내어 층고가 높아지는 만큼 공간이 넓고 입체적으로 보이는 효과가 있다. 우물 천장은 간접 조명을 숨기기 좋은 형태로 천장 중심부에 메인 등을 설치하고 주변부에 다운라이트를 설치하면 분위기 있는 공간을 연출할 수 있다.

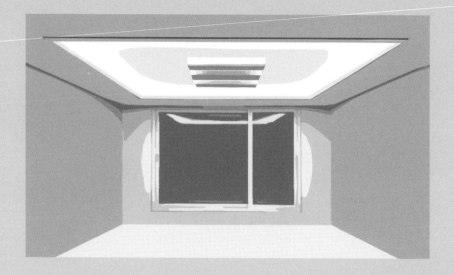

웨인스코팅wainscoting

사전적인 의미는 비바람으로부터 집을 보호하려고 집채 안팎 벽의 둘레에 벽을 덧쌓는 부분인 징두리 벽판을 의미한다. 본래 웨인스코팅은 17세기 영국에서 석조 건물의 단열과 습기 차단을 목적으로 덧댄 원목 패널을 지칭했으나 점차 다양한 장식 디자인으로 발전해 현재는 실내 벽에 사각 프레임 형태로 장식 몰딩을 붙이는 것을 말한다.

줄눈

타일, 돌, 벽돌 등을 짤 때의 이음새를 말한다. 타일 틈새로 오염물이 스며드는 것을
방지해 곰팡이나 세균이 번식하지 못하게 하는 기능이 있다. 줄눈의 폭은 가늘수록
이상적이며 간격을 일정하게 유지하는 것도 중요하다.

중문; 3연동 도어, 스윙 도어, 슬라이딩 도어

인테리어 현장에서 사용하는 중문은 현관에 설치하는 미닫이 형태의 문을 말한다.
사생활 보호, 소음, 방풍 효과가 있다. 가장 많이 설치하는 중문의 형태로는 3연동 도어,
스윙 도어, 슬라이딩 도어가 있다. 3연동 도어는 3개의 문이 서로 연결되어 하나의 문을
여닫을 때 나머지 문도 같이 연동되는 형태의 중문으로 문을 여닫기 쉽고 방풍, 방음
효과가 가장 뛰어나다. 스윙 도어는 큰 문과 작은 문 두 장이 접히면서 열리는 형태로
좁은 현관을 최대한 넓게 사용할 수 있다. 슬라이딩 도어는 한 개의 문을 벽 옆으로
미는 형태로 접히는 공간이 없어 효율이 높고 프레임 두께가 얇아 탁 트인 느낌을 준다.
슬라이딩 도어를 시공하기 위해서는 레일 설치가 필수이므로 문 옆쪽으로 슬라이딩
도어만 한 공간이 필요하다.

탬부어 보드tambour board

인테리어 내장재의 한 종류로 MDF를 직사각형, 삼각형, 반원 등의 여러 형태로 가공해
반복적으로 이어 붙여 하나의 판으로 만든 것을 말한다. 나무 조각들을 이어 만든
것으로 골판지처럼 홈이 있는 것이 특징으로 최근에는 벽면 마감용, 가구 장식용 등 그
쓰임새가 다양해지고 있다. 다소 단조로워 보일 수 있는 벽과 특정 면에 입체감을 더할
수 있는 인테리어 요소로 직선뿐만 아니라 곡선에서도 시공이 가능하며 비교적 작업이
쉬워 셀프로도 시공이 가능하다.

톱 볼과 언더 볼

하부장 세면대는 도기의 적용 위치에 따라 톱 볼과 언더 볼로 나뉜다. 세면대 상판 위에
도기가 있다면 톱 볼, 상판 아래로 들어가면 언더 볼 세면대라고 할 수 있다. 톱 볼은
도기가 온전히 드러나기 때문에 도기의 컬러와 형태에 따라 전혀 다른 분위기를 낼 수
있다. 반면 언더 볼은 톱 볼에 비해 단조롭지만 깔끔하다는 장점이 있다.

톱 볼

언더 볼

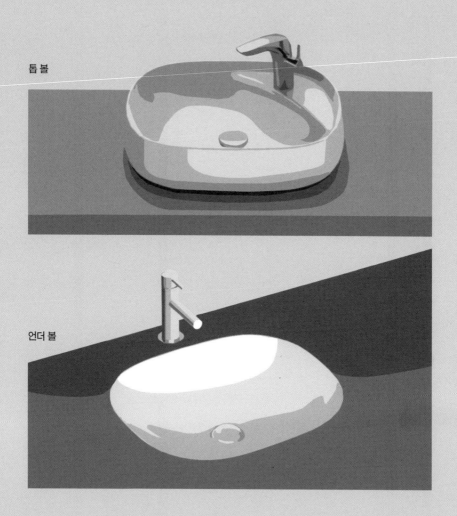

알아두면 좋은 인테리어 용어

포세린 타일과 폴리싱 타일

두 가지 타일 모두 세라믹 타일 가운데 자기질(瓷器質)에 속하는 타일로 내구성이
뛰어나다. 포세린 타일과 폴리싱 타일의 가장 큰 차이점은 광의 유무다. 코팅 처리를
하지 않아 거친 느낌이 나는 포세린 타일은 차분하고 세련된 느낌을 준다. 반면 포세린
타일의 표면을 매끈하게 연마해 광이 나도록 만든 폴리싱 타일은 천연 대리석과 가장
비슷한 느낌의 타일이다.

폴딩 도어

'접문'이라고도 하며 아코디언의 주름처럼 문과 문을 겹쳐서 여닫을 수 있는 문이다.
여러 장으로 된 문을 상하부의 구동 장치로 고정해 한 장씩 접거나 펼칠 수 있도록
디자인된 문이다. 폴딩 도어는 90% 이상을 열고 닫을 수 있어 넓은 시야와 높은
채광률을 확보할 수 있다. 주거 공간에서는 일반적으로 베란다 문을 폴딩 도어로 많이
시공하는데 문을 닫으면 각각의 공간이 분리가 되면서도 문을 열면 거실이 베란다까지
확장된 효과를 낸다.

합지 벽지와 실크 벽지

두 벽지의 차이는 재질이다. 종이 벽지는 합지 벽지이고, PVC 소재가 함유되어 있는
코팅된 벽지는 실크 벽지다. 실크 벽지는 코팅이 되어 있는 만큼 내구성이 좋고 합지
벽지는 다른 소재가 섞이지 않은 친환경적인 벽지라고 할 수 있다. 대신 오염 물질이
묻었을 때 자국이 그대로 남아 있다. 두 가지 벽지는 시공 방법에도 차이가 있는데 실크
벽지는 맞댐 시공을 해서 마른 뒤 이음매가 잘 보이지 않는다. 반면 합지 벽지는 겹침
시공을 하기 때문에 이음매가 티가 난다. 합지 벽지는 상태가 나쁘지 않다면 기존에
있던 벽지 위에 덧붙여 작업이 가능하지만 실크 벽지는 상태와 상관없이 전체 제거 후
작업해야 한다.

공간 디자인 포트폴리오

공간 디자인 현장, 사무실, 강의실,
그리고 방송국에서

나만의 감성과 취향을
담은 홈스타일링
내 집의 디자이너는 바로 나!

HOME
BRUNCH

Interior hot spot

알아두면 좋은 인테리어 핫 스폿

스탠다드에이

홈페이지   standard-a.co.kr

인스타그램 @standard.a_furniture

사용할수록 손맛이 나면서 사용하는 사람의 라이프스타일이 드러나는 원목 가구
브랜드. 소비자가 주문한 후 수제로 만들어지는 스탠다드에이의 제품들은 점차
가구에 대한 애정이 더해져 시간이 지날수록 그 진가가 드러난다. 다양한 수종, 다양한
디자인으로 유명한 스탠다드에이는 특히 천연 원목 가구를 좋아하는 사람이라면
누구나 한 번쯤 이름을 들어보았을 법한 브랜드로 2011년 생활용 목재 가구 스튜디오로
처음 사업을 시작했다. 이후 가구를 만드는 사람의 노력이 가구의 수명으로 고스란히
이어진다는 믿음을 담아 지금까지 모든 제품을 직접 디자인하고 제작하고 있다.
소비자가 의뢰하면 제품을 생산하기 시작해 이후 배송까지 직접 본사가 담당한다는
것도 다른 업체와 구별되는 특징이다. 덕분에 소비자의 신뢰를 쌓은 스탠다드에이는
그동안 수많은 가정과 사무, 전시 공간에 품질 좋은 가구들을 전달했으며, 제품
디자인과 판매 외에 공간 프로젝트를 통해 다양한 가구 시공을 진행하기도 했다.

보마켓

홈페이지   bomarket.co.kr

인스타그램 @bomarket

일상을 아름답게 한다는 'Beautiful Ordinary'의 첫 글자, 그리고 보마켓을 시작한
유보라 디자이너의 이름 중 한 글자를 따서 만든 보마켓은 예쁜 것을 좋아하던
디자이너가 자신이 좋아하는 물품을 모아 소소하게 시작했던 매장이다. 자신이
좋아하는 물품을 마땅히 살 곳이 없어서 직접 판매를 시작했기에 식료품부터 치약, 칫솔
같은 생필품까지 다양한 제품을 판매하고 있는데 이런 일상적인 제품을 통해 삶을 더욱
아름답고, 유용하며 의미 있게 만드는 일에 집중하고 있다. 보마켓에서 또 하나 주목할만한
부분은 편집숍에 그치지 않고 동네 커뮤니티 역할까지 든든하게 해내고 있다는 점이다.
'생활 밀착형 동네 플랫폼'을 지향하며 지점이 생기는 동네마다 필요한 것이 무엇인지,
동네 사람들이 어떤 물건을 좋아하는지에 관심을 기울인다. 또한 동네 주민들의
라이프스타일을 담으며 각각의 지점에 맞춘 제품과 공간을 제공하고자 노력한다.

이스턴에디션

홈페이지   eastern-edition.com

인스타그램 @easternediton

한국 본연의 미학과 전통 공예로부터 영감을 찾는 브랜드로 의미 없는 장식성으로부터
벗어나서 본질적인 아름다움과 진정성이 담긴 '무기교의 기교'라는 철학을
이야기하고자 한다. 돌과 나무 등의 소재가 가진 기존 물성에 집중해 공간의 질서를
지키면서도 편안함을 추구하는 디자인을 모토로 특히 한국의 자연과 물체에서 모티프를
가져와 현대적인 스타일로 디자인한 것이 특징이다. 그래서 이스턴에디션의 공간을
보고 있으면 동양적인 심플함과 고요함이 절로 느껴진다. 대부분의 가구가 마치 하나의
작품처럼 보여서 혹시 디자인에만 치중한 것이 아닐까 싶지만 실제로 앉거나 누워
보면 다른 어떤 가구보다 편하다는 것을 알 수 있다. 특히 공간의 무게감이 균형 있게
느껴지도록 고안한 커브드 체어는 인체공학적인 디자인은 물론 실용성까지 겸비한
소재를 선택해 합리적인 가격을 제시해 가구를 고르는 소비자의 마음을 훔치기에
부족함이 없다.

에잇컬러스

홈페이지	8colors.co.kr
인스타그램	@8colors_official

공간 스타일링으로 시작해 디자인 가구와 소품을 소개하는 리빙 편집숍 에잇컬러스는
여덟 가지의 다채로운 컬러가 담긴 팔레트처럼 각자의 취향대로 자유롭고 섞고 공간에
자유롭게 어울릴 수 있는 제품을 셀렉하고 소개한다. 무토, 메누, 몬타나, 스트링,
구비, 프레데리시아, 펌리빙 등 다양한 북유럽 브랜드의 제품을 만나볼 수 있는데,
에잇컬러스 논현 쇼룸은 집에서 가족 구성원들이 가장 많이 사용하는 공간인 거실과
다이닝 공간을 위주로 전시되어 있다. 쇼룸을 방문하는 고객들이 공간의 스타일링에
영감을 많이 받고 갔으면 좋겠다는 생각으로 쇼룸 전시를 자주 바꾸는 편으로 이곳을
방문하면 같은 제품, 같은 공간도 어떻게 스타일링하느냐에 따라 다른 분위기를 연출할
수 있다는 아이디어를 얻을 수 있다. 계절, 트렌드에 맞는 새로운 감각을 익히고 싶다면
에잇컬러스의 쇼룸을 방문해보기를 추천한다.

시세이

홈페이지	seesay.co.kr
인스타그램	@seesay_korea

디자이너가 직접 기획과 디자인을 한 다음 제작하는 브랜드로 트렌드보다는 언제 어느
곳에서나 조화를 이루는 가구를 만드는 데 집중한다. 특히 자작나무에 친환경 도료로
도장한 모더너스 시리즈, E0 등급의 MDF로 제작한 그레이코드 시리즈는 요즘 젊은
소비자들에게 제대로 눈도장을 찍은 제품이다. 또한 어떤 공간에서나 활용이 가능한
모듈형 소파는 국내산 친환경 목재로 프레임을 만들고 방수방오 가공이 되어 있는
스페인산 또는 폴란드산 고급 패브릭 외장재를 사용해 컬러감과 실용성을 동시에
만족시킨다. 시세이는 모든 가구의 컬러가 전체적으로 통일성이 있어 서로 다른
시리즈의 제품을 믹스 앤 매치해 스타일링하기에도 더없이 좋은 브랜드라고 할 수
있다. 신혼부터 어린아이를 키우는 집에 특히 잘 어울리고, 라이프스타일의 변화에 맞춰
제품의 시리즈를 조금씩 바꿔주면 그 속에서 또다른 질서를 찾으며 집 안의 전체적인
스타일링을 완성시켜 줄 수 있는 브랜드라고 할 수 있다.

인테리어 숍 브랜드 리스트

몽생드랑

홈페이지　　montsaintderaint.com

인스타그램　@mont_saint_de_raint

몽생드랑이 본격적으로 대중적인 인기를 얻기 시작한 것은 획일화된
침구 세트의 디자인에서 벗어나 베개, 매트리스 커버, 이불 등을 다양한 컬러로
조합하면서부터 라고 할 수 있다. 이불 하나를 구입할 때도 나의 취향에 맞춰 원단과
컬러를 선택할 수 있고 베개 커버 역시 앞뒤판을 소비자가 마음대로 선택할 수 있게 한
것이 신의 한 수였다. 덕분에 같은 침구 세트를 구입했더라도 집집마다
서로 다른 모습으로 침대를 스타일링하는 것이 가능해졌다. 몽생드랑에서 눈여겨볼
것은 디자인뿐만이 아니다. 그동안 침구류에서 쉽게 활용하지 못했던 햄프나 카제인,
카본 등의 천연 섬유 또는 고분자 소재를 기반으로 한 섬유 원천 기술을 기발해
세상에 없던 친환경 직물을 만들어낸 것. 이뿐만 아니라 원료 재배 과정부터 방적, 제직,
염색을 비롯한 여러 공정에서 환경오염 물질이 발생하지 않도록 관리하고 있다.
또한 침구를 폐기할 때에도 자연에서 생분해되는 소재를 선택함으로써 소비자가
조금이라도 윤리적인 소비를 할 수 있도록 돕고 있다.

알아두면 좋은 인테리어 핫 스폿

앤더슨씨

홈페이지　 andersonc-official.com

인스타그램 @andersonc_design

오리지널 빈티지 가구 판매뿐만 아니라 디자인 가구 위탁 및 매입 서비스, 디자인
가구 대여, 공간 스타일링 등 토털 가구 솔루션 브랜드로 풀네임은 앤더슨씨 디자인
갤러리이지만 흔히 앤더슨씨로 불린다. 청담점, 압구정점, 삼성점 등에 이어 최근
성수점을 오픈했다. 전체 600평의 엄청난 규모를 자랑하는 앤더슨씨 성수는 신관과
구관으로 나뉘어 있으며 중정을 두고 마주 보는 구조로 독특한 분위기를 자아낸다.
신관 1층은 카페 겸 레스토랑이며, 2층은 앤더슨씨의 빈티지 가구를 직접 만나볼 수
있는 쇼룸으로 운영된다. 구관 역시 1층은 아담한 사이즈의 카페 앤더슨씨 쿼드와 함께
전시 공간으로 운영 중이다. 앤더슨씨 성수는 기존 쇼룸들과 달리 사전 예약 없이 상시
방문이 가능하며 세월의 흔적과 다양한 스토리를 담은 방대한 양의 빈티지 가구를
만날 수 있다는 것이 특징이다. 또한 이곳은 빈티지 가구 체험뿐만 아니라 인테리어와
디자인에 대한 많은 영감을 관련 아이디어가 필요하다면 직접 방문해 보기를 추천한다.

챕터원

홈페이지   chapterone.kr

인스타그램 @chapter1_official

2013년 신사동 가로수길에 첫 번째 매장을 오픈한 챕터원은 공예와 현대 산업사회에서
파생되는 라이프스타일의 접점을 고민하고 연구하는 한국을 대표하는 리빙 편집숍이다.
'합리적인 방식으로 효율적인 결과 소개하기'와 '독창적인 아이템 공급'이라는 두
가지 목표가 조화를 이루며 오늘날의 챕터원의 가치를 만들었다. 신사동을 시작으로
성북동의 챕터원 콜렉트, 잠원동의 챕터원 에디트, 한남동의 챕터원 한남을 차례로
오픈하며 입지를 견고히 다졌으며 최근에는 챕터원 에디트를 제외한 모든 매장을
정리하고 이태원에 DOQ를 선보이며 새로운 챕터를 시작했다. 전시와 주거가 합쳐진
공간인 DOQ는 10년 넘게 전시기획을 진행했던 챕터원의 노하우가 응축된 공간으로
국내 대표 건축가, 예술가, 브랜드들과의 협업을 통해 유니크한 콘텐츠를 선보이는
문화공간이 될 것으로 기대된다. 한편 챕터원 에디트와 같은 건물에 카페 겸 와인 바인
파운드 로컬, 갤러리인 갤러리 도큐먼트도 함께 운영 중이나 현재 도큐먼트 전시는
이태원 DOQ에서 진행중이다.

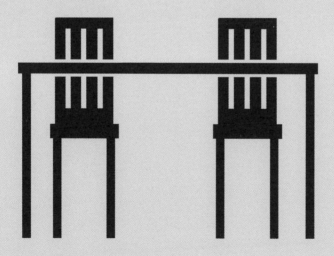

알아두면 좋은 인테리어 핫 스폿

인테리어 스타일링 바이블 (개정판)

공간 디자이너 조희선의 실전 노트

초판 1쇄 발행 2023년 11월 13일
초판 2쇄 발행 2023년 11월 20일
2판 1쇄 발행 2024년 10월 7일
지은이 조희선
펴낸이 안지선

책임 편집 이미주
디자인 다미엘
일러스트 다미엘
교정 신정진

마케팅 김경민, 장원정, 윤여준
경영지원 김나영
제작 투자 타인의취향

펴낸곳 (주)몽스북
출판등록 2018년 10월 22일 제2018-000212호
주소 서울시 강남구 학동로4길15 724
이메일 monsbook33@gmail.com

ISBN 979-11-91401-99-8 03590

(주)몽스북은 생활 철학, 미식, 환경, 디자인, 리빙 등
일상의 의미와 라이프스타일의 가치를 담은 창작물을 소개합니다.